I0686162

CONCILIATION

DU

VÉRITABLE DÉTERMINISME MÉCANIQUE

AVEC

L'EXISTENCE DE LA VIE ET DE LA LIBERTÉ MORALE;

MÉMOIRE DE M. J. BOUSSINESQ

PROFESSEUR A LA FACULTÉ DES SCIENCES DE LILLE ;

PRÉCÉDÉ D'UN RAPPORT

A L'ACADÉMIE DES SCIENCES MORALES ET POLITIQUES

PAR M. PAUL JANET

MEMBRE DE L'INSTITUT.

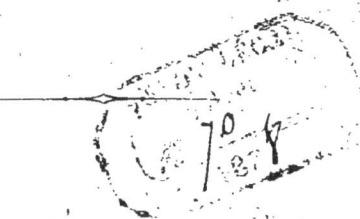

PARIS

—

1878

CONCILIATION

DU

VÉRITABLE DÉTERMINISME MÉCANIQUE

AVEC

L'EXISTENCE DE LA VIE ET DE LA LIBERTÉ MORALE.

EXTRAIT DU COMPTE-RENDU

De l'Académie des Sciences morales et politiques,

RÉDIGÉ PAR M. Ch. VERGÉ

Sous la direction de M. le Secrétaire perpétuel de l'Académie,

(tome IX, p. 696 à 757, mai 1878).

CONCILIATION

DU

VÉRITABLE DÉTERMINISME MÉCANIQUE

AVEC

L'EXISTENCE DE LA VIE ET DE LA LIBERTÉ MORALE ;

MÉMOIRE DE M. J. BOUSSINESQ

PROFESSEUR A LA FACULTÉ DES SCIENCES DE LILLE ;

PRÉCÉDÉ D'UN RAPPORT

A L'ACADÉMIE DES SCIENCES MORALES ET POLITIQUES

PAR M. PAUL JANET

MEMBRE DE L'INSTITUT.

PARIS

—

1878

RAPPORT

SUR

LE MÉMOIRE DE M. BOUSSINESQ

INTITULÉ

CONCILIATION DU VÉRITABLE DÉTERMINISME MÉCANIQUE AVEC L'EXISTENCE DE LA VIE ET DE LA LIBERTÉ MORALE.

———··❀··——·

M. Paul Janet : — M. Boussinesq, professeur à la Faculté des sciences de Lille, a adressé à l'Académie un mémoire manuscrit intitulé : *Conciliation du véritable déterminisme mécanique avec l'existence de la vie et de la liberté morale.* Ce mémoire étant d'une nature toute spéciale et toute technique, M. le Secrétaire perpétuel a bien voulu me demander d'en faire l'analyse, et d'en dégager l'idée principale, ainsi que tout ce qui peut intéresser la philosophie et la morale. Tel est l'objet du rapport que j'ai l'honneur de présenter à l'Académie.

Si je disais que l'auteur de ce mémoire a voulu démontrer le libre arbitre par les mathématiques, je craindrais de jeter bien à tort une prévention défavorable sur un travail qui est d'une nature très-sérieuse et n'a rien de commun avec la métaphysique de fantaisie. S'il est généralement déraisonnable de vouloir démontrer par les sciences exactes les vérités morales, qui sont d'un tout autre ordre, il n'est pas déraisonnable, il est au contraire très-légitime de chercher à écarter par les mathématiques les objections et les difficultés qui peuvent naître des mathématiques elles-mêmes. Or, si l'on considère que la liberté humaine produit des mouvements dans le monde

1

extérieur, et s'applique même immédiatement aux mouvements de notre propre corps, — puisque le type généralement présenté de l'acte libre est celui-ci : *Je veux mouvoir mon bras, et je le meus;* — si l'on considère, d'un autre côté, que le mouvement est un phénomène soumis à des lois mathématiques, qui sont l'objet d'une science appelée mécanique, on comprendra que la liberté puisse se trouver en conflit avec les lois mathématiques du mouvement, et qu'il puisse naître de la mécanique des difficultés spéciales que la mécanique seule puisse lever. Tel est précisément l'objet du travail de M. Boussinesq. Nous n'avons pas besoin de dire que nous déclinons toute compétence quant aux théories mathématiques de l'auteur : elles relèvent du jugement des mathématiciens. Mais ce qui est intéressant pour nous est de nous demander, en supposant à ces théories l'exactitude que la haute situation scientifique de l'auteur nous autorise à leur accorder, quel secours la philosophie pourrait en tirer. Pour bien comprendre la question, il nous faut remonter plus haut.

Descartes, en fondant, comme il le dit lui-même, sa physique sur l'idée des perfections divines, était parti de cette pensée que Dieu, étant immuable, a dû mettre dans le monde quelque chose de son immutabilité, et il en avait conclu qu'il y a une quantité permanente dans l'univers, et que cette quantité est la *quantité de mouvement* : c'est-à-dire que la somme des mouvements qui sont dans l'univers est constante, qu'elle ne peut être ni augmentée ni diminuée; d'où il suit que la volonté humaine ne peut pas créer de mouvement; d'où il suivrait, à ce qu'il semble, que la volonté ne pourrait pas mouvoir de corps, si Descartes ne corrigeait pas cette conséquence excessive en disant, sinon textuellement, au moins en fait, que la volonté, sans avoir la puissance de créer le mouvement, a la puissance de le diriger. Diriger le mouvement ce n'est pas la même chose que le produire ; ce n'est que le déplacer, c'est en détruire une portion, de telle sorte que le mouvement se reproduise ailleurs, et que la somme reste constante. L'action de la volonté sur le corps et la possiblité des mouvements volontaires étaient donc sauvegardées.

Mais bientôt Leibniz (1), en modifiant la formule de Descartes, et en creusant plus avant le principe de la conservation d'une certaine quantité dans l'univers, avait dû écarter la distinction précédente entre la production et la direction du mouvement. Oui, disait-il, il y a une quantité constante dans l'univers ; mais cette quantité n'est pas la quantité de mouvement, c'est la quantité de force. Tout mouvement résulte d'une force, et l'homme ne peut pas plus produire de force que produire de mouvement. La quantité de force dans l'univers ne peut être ni augmentée, ni diminuée, d'où il suit que l'homme ne peut pas plus diriger le mouvement que le créer. Car, diriger le mouvement, c'est détourner un mouvement donné d'une direction antérieure ; mais, en vertu des lois de l'inertie, le corps ne peut être détourné de sa direction que par une cause : donc, il faut une nouvelle force pour détourner le sens du mouvement, pour le diriger. Que l'on ne dise pas : cette force qui dirigera le mouvement, c'est celle de l'âme elle-même. Non ; car il ne s'agit pas ici de la force au sens métaphysique et intellectuel, il s'agit d'une force mécanique, évaluable au dynamomètre ;

(1) V. *Théodicée*, I, 64.

ou, si l'on aime mieux considérer le *travail* de la force que la force elle-même, comme les physiciens font souvent aujourd'hui, il s'agit de la quantité mathématique représentée par la formule $1/2 \, MV^2$.

Nul effet sans travail, tel est l'axiome de la mécanique : c'est cette quantité constante qu'il faut toujours retrouver, sous une forme ou sous une autre, dans toutes les transformations de mouvement. Or, l'âme ne pourrait être considérée comme force qu'à la condition d'être un agent mécanique, d'entrer dans l'engrenage des forces physiques, de n'être elle-même qu'un moment de la transformation universelle de la force dynamique de la nature : c'est cela même que prétend le déterminisme. Quant à savoir si l'âme peut agir autrement. là est précisément la question.

La doctrine de la conservation de la force, établie théoriquement par Leibniz, démontrée mathématiquement par Huyghens, est devenue, de nos jours, une vérité expérimentale de premier ordre, par suite de la découverte de la théorie mécanique de la chaleur. Il a été démontré par l'expérience, et toute une science nouvelle s'en est suivie, que « la quantité du travail détruit dans une machine correspond constamment à une quantité de chaleur produite, » en d'autres termes, d'une manière plus générale « que les frottements, le choc, en un mot ce que l'on appelle les résistances passives qui consomment en pure perte, dans les machines. une portion notable du travail moteur, engendrent de la chaleur (1). » La chaleur prend donc la place du mouvement; bien plus,

1) D'Almeida et Boutan, *Traité de Physique* (1867), t. I, liv. II, c. IV.

elle est elle-même un mouvement, et elle est soumise aux lois de la mécanique. Grâce à elle, toute une portion de la force mécanique de l'univers , que l'on pouvait croire dissipée et perdue, puisqu'elle ne se retrouvait pas en mouvements visibles, se retrouve maintenant en mouvements insensibles qui n'agissent sur nos sens qu'en tant que chaleur : le grand principe de la persistance de la force était donc merveilleusement confirmé. D'un autre côté, Lavoisier avait démontré , en fondant la chimie moderne, que, dans toutes les transformations des corps, la quantité de masse ou de matière reste toujours la même. Ainsi, même quantité de matière, même quantité de force, telle est la double loi fondamentale qui régit l'univers. Le fameux *nihil ex nihilo* n'était plus un axiome métaphysique : il devenait une vérité palpable, accablante, de la science et de l'industrie, fondement de toutes les inductions et de toutes les opérations que nous formons sur la nature.

Ainsi l'univers forme une vaste machine , dont toutes les opérations sont soumises à la mécanique. dont les mouvements sont déterminés par les mouvements antérieurs : tous, même les mouvements appelés volontaires, sont écrits d'avance d'une manière infaillible, à ce qu'il semble, dans les premiers mouvements qu'a reçus la matière à son origine Dans ce vaste engrenage, soumis à une fatalité inflexible, que devient la volonté humaine ?

Il semble que nous soyons réduits à ce dilemme : ou la volonté est absolument impuissante, ou elle ne peut agir qu'en faisant partie elle-même du système, c'est-à-dire à titre de force mécanique, aveugle et fatale : mais alors c'en est fait de la liberté humaine.

Il y avait cependant une issue, que Leibniz avait aperçue avec une profonde sagacité. Là est l'origine d'une théorie qui a passé pour absolument chimérique, parce qu'on ne faisait pas assez d'attention aux motifs profonds qui l'avaient suggérée ; c'est la doctrine de *l'harmonie préétablie*(1). Que l'âme ne puisse ni produire le mouvement ni le diriger, c'est ce qui paraît résulter des considérations précédentes ; mais s'il n'y a pas d'action directe, il peut y avoir au moins correspondance. Pourquoi la cause première n'aurait-elle pas calculé la série des mouvements de l'univers, de telle façon qu'à un moment donné, tel mouvement correspondît à telle volition, et réciproquement ? Pourquoi n'aurait-il pas disposé dans les âmes une loi interne de développement, telle qu'à tels mouvements extérieurs correspondraient d'une manière constante telles et telles sensations ? L'acte volontaire serait tout interne, et n'aurait besoin d'aucune force mécanique pour agir au dehors. Ce seraient les lois de la mécanique elles-mêmes qui auraient été prédéterminées pour servir à nos volontés. Dans cette hypothèse, l'absolu mécanisme ne serait pas en contradiction avec la volonté libre. Il est vrai

---

(1) On a cru généralement que l'hypothèse de l'harmonie préétablie n'avait que des raisons métaphysiques ; mais sa véritable origine est celle que nous venons d'indiquer, comme on le voit par ce passage de la *Monadologie*. « Descartes a reconnu que les âmes ne peuvent donner de la force aux corps, parce qu'il y a toujours la même quantité de force dans la matière. Cependant il a cru que l'âme pouvait changer la direction des corps. Mais c'est parce qu'on n'a point su de son temps la loi de la nature qui porte encore la conservation de la même direction totale dans la matière. S'il l'avait remarqué, il serait tombé dans mon système de l'harmonie préétablie. » *(Monadologie, 80)*.

que dans Leibniz, l'hypothèse de l'harmonie préétablie ne sauvait pas la liberté, parce qu'il admettait encore un déterminisme interne dans les âmes, en outre du déterminisme externe ; mais c'est un ordre d'idées dont nous n'avons pas ici à nous occuper.

Ainsi l'harmonie préétablie peut affranchir la liberté des liens de la mécanique : cela est très-soutenable ; mais à quel prix ! au prix des affirmations les plus exorbitantes, et en conséquence les plus étranges. D'abord cette hypothèse contredit non-seulement le sens commun, mais encore le sens intime, qui semble bien nous attester de la manière la plus éclatante une action directe de la volonté sur nos organes. De plus, s'il est vrai, comme l'a dit Leibniz, que tout se passe dans les âmes comme s'il n'y avait pas de corps, et que tout se passe dans les corps comme s'il n'y avait pas d'âmes, ne s'ensuit-il pas que tout l'univers des corps pourrait être soudainement détruit sans que nous nous en apercevions ? Ainsi, qu'il plaise à Dieu d'anéantir le monde sauf une seule monade, cette monade persisterait à elle toute seule à être l'univers tout entier ? Mais alors à quoi bon un univers ? Et pourquoi supposer qu'il existe autre chose que cette monade unique ? Réciproquement, qu'il plaise à Dieu d'anéantir les âmes en laissant subsister les corps, le cours de l'histoire n'en resterait pas moins tel qu'il doit être ; et pour un observateur extérieur rien n'aurait changé. Voyez-vous ces révolutions, ces guerres, ces grandes entreprises politiques, ces luttes parlementaires, ces grands discours éloquents, voire même ces séances académiques et ces lectures publiques, tout cela accompli par des corps sans âme, par des automates sans vie et sans pensée ! Une telle division du monde en deux portions si indépendantes l'une de

l'autre, si séparées, si étrangères l'une à l'autre qu'elles
ne peuvent pas s'assurer de leur existence respective,
une telle hypothèse, qui ressemble à un somnambulisme
universel, est-elle bien préférable au fatalisme lui-
même ? et est-ce une garantie bien solide pour la morale que de la faire reposer sur les conceptions les
plus extraordinaires de l'esprit humain ?

Je ne rappellerai pas, pour ne pas trop étendre ces
considérations préliminaires, les autres essais de conciliation qui ont été proposés par les métaphysiciens, et
par exemple, la profonde distinction de Kant entre
les phénomènes et les noumènes, les premiers seuls
soumis au mécanisme, les seconds se confondant pour
Kant avec les êtres libres eux-mêmes; le monde mécanique n'étant que l'apparence, la liberté étant le
fond; le premier, produit par notre sensibilité et notre
imagination, la seconde étant notre être même, notre
essence même. Mais, laissant de côté les hypothèses
métaphysiques, demandons-nous si du côté de la
science elle-même, du côté de la mécanique, il n'y
a pas lieu d'entrevoir la possibilité d'une conciliation.

Un géomètre philosophe, que la science a perdu ré-
cemment, M. Cournot, avait émis une pensée importante,
et qui aurait pu servir de point de départ au travail que
nous avons sous les yeux. Il avait fait remarquer que
l'homme peut, par son intelligence, en améliorant et en
combinant de mieux en mieux les rouages d'une machine,
atténuer indéfiniment la part de travail physique que
l'ouvrier directeur de cette machine doit exécuter pour
la mettre en train et lui faire ainsi produire un certain
effet sous l'impulsion d'une force motrice empruntée à
la nature inorganique ; et, par un procédé de raisonne-
ment familier aux mathématiciens, le procédé infinité-

simal, il avait conclu que l'on pouvait concevoir comme possible un cas où ce travail serait rigoureusement nul. Ce serait par exemple le cas des machines organisées, des organismes, où la force physique, purement mécanique, serait remplacée par ce que M. Cournot appelle le *pouvoir directeur*, pouvoir qui interviendrait et agirait, dit-il, « non pas à la manière des forces physiques, non en ajoutant son action aux leurs, ou en les neutralisant par une action contraire du même genre, mais en leur imprimant une direction appropriée. » C'était revenir, comme on le voit, au principe de Descartes ; mais peut-être avec cette différence qu'au lieu d'une direction rigoureusement mécanique, qui avait pu prêter aux objections de Leibniz, il s'agirait ici d'une direction d'un tout autre genre, n'ayant rien de commun avec les forces de la mécanique.

Cette pensée de M. Cournot, dont l'esprit pénétrant et exigeant est connu de tous les philosophes, a été acceptée et reproduite, sous sa propre responsabilité, par un de nos savants confrères de l'Institut, membre de la section de mécanique, M. de Saint-Venant, qui l'année dernière, devant l'Académie des sciences, fort étonnée, et peut-être peu charmée de se trouver inopinément transportée sur le terrain nuageux et flottant de la métaphysique, a lu une note curieuse sur *l'accord de la liberté morale avec les lois de la mécanique* (1). Je dois dire que cette note de M. de Saint-Venant a eu pour occasion le premier travail de M. Boussinesq, rédigé d'abord sous une forme toute mathématique, et dont il a bien voulu nous réserver le développement philosophique.

(1) *Comptes-rendus de l'Académie des Sciences* (5 mars 1877).

Dans la crainte de commettre quelque inexactitude, si facile à un philosophe dans des matières si spéciales, j'emprunte à M. Boussinesq lui-même le résumé qu'il nous donne du travail de M. de Saint-Venant. Celui-ci, dit-il, « réduit, dès l'abord, l'effet mécanique de la volonté à un très-petit travail, auquel il donne le nom de *travail décrochant,* parce qu'il le compare à celui de l'ouvrier qui tire le déclic (ou crochet) retenant élevé à plusieurs mètres un mouton destiné à enfoncer des pieux ; ou à celui d'un homme qui presse la détente d'une arme chargée. Il montre ensuite qu'un perfectionnement de plus en plus grand des mécanismes permet de réduire indéfiniment ce travail ; et il est d'avis que la nature, plus parfaite que l'art, peut bien avoir réussi à l'annuler tout à fait dans les organismes animés. »

Le travail décrochant, de plus en plus atténué, tel que le décrit M. de Saint-Venant, pouvant devenir nul par l'art de la nature, la volonté pour diriger les mouvements n'aurait donc besoin d'aucun travail mécanique : elle n'aurait à créer aucune force nouvelle ; son action, d'une tout autre nature, laisserait intactes les conditions mécaniques exigées par la science, et la métaphysique aurait sa part sans être obligée de violer les lois de la physique.

Je dois dire, pour être exact, que la théorie précédente est loin d'avoir satisfait tous les savants. On conteste que, d'un travail mécanique indéfiniment diminué, il soit logique de conclure à la possibilité d'un travail nul ; on s'est demandé si l'atténuation progressive du travail *directeur* n'a pas eu pour cause le travail antérieur des ouvriers qui ont fait la machine, de celui qui l'a dessinée, et même de celui qui l'a conçue ; car on

ne peut pas supposer sans pétition de principe que
l'intelligence et la volonté de l'inventeur ne sont pas
elles-mêmes des forces mécaniques, puisque c'est cela
même qui est en question.

Cependant, c'est déjà pour la philosophie un point
capital que des savants autorisés aient pu penser qu'il
n'est pas contradictoire de supposer des mouvements
dirigés par un acte intellectuel, idéal, spirituel, sans
aucune addition ni soustraction de forces mécaniques;
et, cette pensée fût-elle contestée par d'autres savants,
il serait toujours permis aux philosophes de les ren-
voyer les uns aux autres. Mais on peut faire un pas de
plus, et c'est ici qu'intervient le travail de M. Boussinesq, dont il n'a pas encore été question jusqu'ici, mais
qu'il nous eût été impossible de comprendre et d'apprécier si nous n'avions résumé d'abord l'ordre d'idées
dans lequel il vient se placer, et où il apporte un élément nouveau, une vue ingénieuse qui peut faire comprendre l'hypothèse de MM. Cournot et Saint-Venant,
en écartant l'apparence de paradoxe qu'on avait cru
trouver dans leurs théories.

L'idée de M. Boussinesq consiste à utiliser, au profit de
la possibilité de la liberté morale, une théorie bien connue des géomètres sous le nom de *solutions singulières,*
et dont un exemple particulier (laissé jusqu'ici dans l'om-
bre) constitue ce que l'on pourrait appeler le *paradoxe*
de Poisson. D'après cette théorie, il y aurait, nous dit
M. Boussinesq, des cas d'indétermination mécanique
parfaite, c'est-à-dire des cas où un mobile arrivé à certains points, appelés par l'auteur *points de bifurcation,*
pourrait indifféremment prendre deux ou plusieurs directions différentes, tout en satisfaisant, dans l'un comme
dans l'autre cas, à l'équation mathématique. Il y aurait

des cas où un corps pourrait indifféremment, ou rester en repos, ou aller en avant ou en arrière, à gauche ou à droite, sans que l'état précédent déterminât d'une manière nécessaire l'une de ces hypothèses, toutes donnant satisfaction également à tous les principes de la mécanique ; de telle sorte que, pour déterminer l'une de ces hypothèses, nul travail nouveau ne serait nécessaire. On comprend que, dans cette supposition, une action extra-physique, extra-mécanique, pût être l'effet d'un pouvoir directeur. L'auteur compare ingénieusement la volonté à un ingénieur qui « chargé de construire un canal le long d'une ligne de faîte, peut de tous les points de ce *parcours singulier* distribuer à volonté l'eau du canal dans l'une ou dans l'autre des deux vallées adjacentes sans avoir à la faire dévier de ses lignes de pente naturelles. »

Il y aurait donc, suivant M. Boussinesq, des cas, dans des conditions à la vérité très-spéciales, et qu'il serait peut-être aussi difficile de produire artificiellement, même les plus simples, que de faire tenir un cône sur sa pointe, mais qui sont théoriquement possibles, il y aurait des cas, dis-je, où l'état initial d'un système ne tracerait pas aux phénomènes des chemins complètement déterminés : ces chemins admettraient des bifurcations nombreuses qui se reproduiraient même indéfiniment sur tout le tracé du système, et permettraient ainsi l'existence continue d'un pouvoir directeur chargé à chaque instant de déterminer la direction. L'analyse ne peut démontrer ce théorème que dans des cas extrêmement simples, par exemple, dans un système de deux atomes, et dans d'autres systèmes fictifs, infiniment moins compliqués que ne peut être le système d'un organisme vivant. Mais la nature a des ressources que l'art ne connait pas ; et l'on peut supposer par analogie qu'elle a réalisé, par un calcul transcendant qui ne dépasse pas ses forces, des cas où non pas deux atomes, mais des milliards d'atomes, composés en système et grâce à une préparation préalable, se prêteraient à des milliards de bifurcations. La flexibilité de la vie se concilierait ainsi avec la rigueur des lois mécaniques.

En un mot, ce que nous recueillons de la **théorie** précédente, c'est que les mathématiques n'excluent pas, et autorisent même à supposer dans certaines conditions, une sorte d'indétermination, et des possibilités de bifurcation où la chiquenaude, pour décider le mobile dans un sens ou dans l'autre, pourrait être nulle, en tant que force calculable par les procédés scientifiques. Le physicien, le mécanicien, qui observeront le résultat, retrouveront toujours la quantité permanente dont ils ont besoin. Le pouvoir directeur n'entrera pas dans le calcul, et son action n'aura pas moins été réelle, quoique non évaluable au dynamomètre.

« On sait combien les géomètres du siècle dernier, dit M. Boussinesq, jugèrent surprenantes les intégrales singulières qui s'offrirent à leurs recherches et que l'analyse donnait en réponse à certaines questions de géométrie. Je ne crois pas me tromper en affirmant, d'après ma propre expérience, que le même étonnement se produit de nos jours encore chez les esprits réfléchis qui étudient pour la première fois le chapitre de l'analyse infinitésimale où il en est traité. Cet étonnement a pour cause la propriété mystérieuse et incontestable que possèdent les solutions singulières, de soustraire à un déterminisme absolu certains accroissements finis de fonctions, alors que les accroissements infiniment petits ou les dérivées de ces fonctions ne cessent pas un instant d'être déterminés de proche en proche sans ambiguité.

« On trouverait naturel qu'une propriété aussi extraordinaire eût signalé à l'attention les solutions dont il s'agit, dès l'époque de leur découverte, comme propres à représenter ce qu'il y a de spontané, d'extra-physique ou de spécial dans les phénomènes de la vie. Ne semble-t-il pas qu'elle aurait dû presque immédiatement leur faire attribuer surtout pour rôle d'exprimer les conditions géométriques ou mécaniques de l'existence, si merveilleuse et vraiment *singulière*, d'êtres doués de conscience, d'activité libre, au sein de l'immense monde inorganique, au milieu d'un réseau de lois paraissant régler toutes les variations infiniment petites des choses ?

« Personne cependant, à ma connaissance, n'avai émis jusqu'à présent cette idée, si simple, et en quel que sorte inévitable. Quoiqu'on n'ignorât pas que la na ture ne laisse guère sans les réaliser quelque part des faits analytiques aussi étendus que celui des solutions singulières, aucun géomètre ne paraît avoir cherché quel pourrait être dans le monde visible le domaine propre de ces intégrales, leur champ d'application. Et pourtant, on avait fort bien aperçu, dès le dix-septième siècle, le magnifique usage qu'on devait faire des solutions d'équations différentielles dans la représentation des phénomènes qui se transforment avec continuité ; puisque l'analyse infinitésimale existait à peine, que déjà l'on assignait toute la nature inorganique comme domaine aux intégrales générales.

« Les solutions singulières ne seraient probablement pas restées sans application aux mouvements réels, on aurait tout au moins pressenti leur emploi, si les zoologistes s'étaient trouvés plus souvent mathématiciens, ou si les mécaniciens géomètres avaient pensé plus souvent à ce que pourraient bien être, sous le rapport de leur science, ces curieux systèmes matériels qu'on appelle des êtres organisés.

« Je ne connais, continue l'auteur, que Poisson qui ait essayé de tirer parti en mécanique des solutions singulières. C'est dans son grand mémoire sur ces intégrales, publié au tome VI du *Journal de l'École polytechnique*. Il n'a pas manqué de signaler la difficulté qu'elles font naître au point de vue du déterminisme absolu. Mais, ne pensant nullement aux phénomènes vitaux, il la regarde comme un paradoxe très-digne d'exercer la sagacité du géomètre, et qu'il renonce lui-même à éclaircir, non sans y avoir sans doute travaillé (1). »

On voit par les citations précédentes que l'auteur du mémoire n'explique pas seulement par les solutions singulières la liberté morale, mais encore un ordre de faits beaucoup plus étendus, à savoir : les faits organiques et vitaux. Il admet très-nettement, avec la plupart des grands physiologistes ou chimistes de notre temps, qu'il n'y a pas de force vitale dans le sens propre que l'on a pu attacher à cette expression, c'est-

---

(1) Voici le passage de Poisson, que l'auteur aurait peut-être dû citer, car il est singulièrement significatif : Le mouvement dans l'espace d'un corps soumis à l'action d'une force donnée, et partant d'une position et d'une vitesse aussi données, doit être absolument déterminé. C'est donc une sorte de *paradoxe*, que les équations différentielles dont le mouvement dépend puissent être satisfaites par plusieurs équations. (Poisson. — *Journal de l'École polytechnique*, t. VI, p. 106.)

à-dire d'une force spéciale qui ferait contre-poids aux forces physico-chimiques et en neutraliserait l'action, une force qui suspendrait les affinités chimiques naturelles ou en substituerait d'une autre nature. Non; suivant les paroles de M. Berthelot, que l'auteur accepte sans restriction, les effets chimiques de la vie sont dus « au jeu des forces chimiques ordinaires, au même titre que les effets physiques et mécaniques de la vie ont lieu suivant le jeu des forces purement physiques et mécaniques. Dans les deux cas, les forces moléculaires mises en œuvre sont les mêmes : car elles donnent lieu aux mêmes effets.» Cependant, ceux-là même, à quelques exceptions près, qui étendent le plus loin le principe précédent, admettent, d'une manière plus ou moins vague, qu'il y a bien quelque autre chose, qui ne rentre pas dans la formule précédente. Par exemple, Berzélius, tout en niant expressément l'hypothèse d'une force vitale chimique particulière, dit que « le principe inconnu que nous appelons la vie, prépare d'une manière à nous incompréhensible des conditions variées qui servent au développement de l'affinité des éléments. » M. Claude Bernard entend quelque chose d'analogue lorsqu'il parle de « *forces directrices* qui sont morphologiquement vitales, tandis que les forces exécutives sont les mêmes que dans les corps bruts, » ou encore lorsqu'il dit : « Les phénomènes semblent dirigés par quelques conditions invisibles dans la route qu'ils suivent, dans l'ordre qui les enchaîne... C'est cette puissance ou propriété évolutive qui constituerait le *quid proprium* de la vie. »

« Mon explication, dit maintenant l'auteur de notre mémoire, vient éclaircir la manière de voir de Berzélius et de Claude Bernard, qui, tenant avec juste raison à ne sacrifier aucun des principes établis par l'expérience, même quand on ne parvient pas nettement à les concilier entre eux, ont admis, dans les phénomènes matériels de la vie, l'intervention d'un pouvoir directeur distinct, sans lequel les forces physico-chimiques pourraient bien produire dans des circonstances convenables les principes immédiats qui sont les matériaux de l'organisme, mais ne réussiraient pas à les grouper en cellules et en organes de formes déterminées. »

« La présence ou l'absence de solutions singulières et de la flexibilité qu'elles permettent dans l'enchaînement des faits, continue l'auteur, paraît fournir un caractère géométrique propre à distinguer les mouvements essentiellement vitaux, ceux surtout qui sont volontaires, des mouvements accomplis sous l'empire exclusif des lois physiques. Un être animé serait par conséquent celui dont les équations de mouvement admettraient des intégrales singulières, provoquant à des intervalles très-rapprochés, ou même d'une manière continue, par l'indétermination qu'elles feraient naître, l'intervention d'un principe directeur spécial. Ce principe, bien différent du principe vital des anciennes écoles, n'aurait à son service aucune force mécanique qui lui permît de lutter contre celles qu'il trouverait dans le monde : il profiterait seulement de leur insuffisance, dans les cas singuliers considérés ici, pour influer sur la suite des phénomènes. Inconscient au début de l'existence individuelle, et même toujours en ce qui concerne la vie végétative, mais d'autant pius docile à une loi supérieure ou extra-physique qui nous est encore inconnue, il réaliserait à sa manière, dans chaque animal et dans chaque plante, un type spécifique héréditairement transmis, en employant à cet effet des matériaux communs empruntés au milieu minéral ou à d'autres organismes. Parvenu ensuite, chez l'homme et les animaux supérieurs, à un degré assez avancé de développement, et après avoir acquis des organes suffisamment délicats, c'est-à-dire un système nerveux, il deviendrait sensible à certains rapports de ces organes avec le reste de son corps et avec le monde extérieur, s'éveillerait sous leur choc mutuel, et apprendrait dès lors à diriger sciemment la force physique pour la faire servir à l'accomplissement de desseins prémédités.

« Le jeu habituellement trop étroit des lois du mouvement l'empêcherait d'ailleurs de se manifester dans d'autres cas, c'est-à-dire, chez les corps privés de vie : en sorte qu'il n'y aurait dans sa manière d'apparaître rien d'irrégulier, rien de fortuit. Tout en agissant avec le caractère de conscience ou d'inconscience, de liberté ou de nécessité, qu'il présente chez les divers êtres vivants, il entrerait en exercice, comme les forces physico-chimiques elles-mêmes, dès que l'occasion lui en serait offerte, ou que certaines conditions déterminées se trouveraient réalisées. Je n'ai pas besoin de faire observer que l'existence de ces conditions n'aurait nullement pour effet de dicter à la volonté son choix : leur réalisation la mettrait au contraire en pleine possession d'elle-même, en état de s'abstenir ou d'agir à sa guise. »

On se rend compte maintenant parfaitement, je crois, à l'aide de ces citations, de la pensée fondamentale de M. Boussinesq. Je regrette que mon incompétence dans les sciences mathématiques, ainsi que le caractère des travaux de notre Académie, ne nous permette pas de suivre, dans les démonstrations qu'il en donne, le développement de son principe. Contentons-nous de dire qu'il résume les phénomènes en deux classes : « L'une comprendra ceux où les lois mécaniques exprimées par les équations différentielles détermineront à elles seules la suite des états par lesquels passera le système, et où par conséquent les forces physico-chimiques ne laisseront aucun rôle disponible à des causes d'une autre nature. Dans la seconde classe se rangeront, au contraire, les mouvements dont les équations admettront des intégrales singulières, et dans lesquels il faudra qu'une cause distincte des forces physico-chimiques intervienne, de temps en temps ou d'une manière continue, sans d'ailleurs apporter aucune part d'action mécanique, mais simplement pour diriger le système à chaque bifurcation qui se présentera. »

Après avoir cité la conclusion de l'auteur, il nous reste à conclure, à notre tour, et à résumer ce que la philosophie peut extraire d'intéressant pour elle dans le travail que nous venons d'analyser.

Sans aucun doute personne de nous ne le contestera, plutôt que de sacrifier la liberté morale au mécanisme mathématique, ou encore plutôt que d'admettre une contradiction absolue entre l'ordre moral et l'ordre physique, en un mot plutôt que de sacrifier ou la morale d'une part ou la logique de l'autre, on se déciderait à admettre les hypothèses métaphysiques les plus contraires au sens commun. Mieux vaut mille fois l'harmonie préétablie de Leibniz, l'idéalisme transcendental de Kant que le fatalisme ou une antinomie insoluble. Mais il est évident aussi qu'il serait plus simple et plus satisfaisant pour l'esprit de trouver une conciliation qui s'accorderait avec le sens commun, et qui ne nous forcerait à nier ni l'action de l'âme sur le corps, ni la réalité du monde extérieur : or c'est ce qui se pourrait, si on établissait que la science elle-même n'exclut pas une certaine indétermination phénoménale ; en un mot, qu'elle n'exclut pas, malgré la rigueur des lois mécaniques, un certain contingent dans les phénomènes.

C'est ce que le bon sens instinctif de Voltaire semble avoir pressenti, malgré les inexactitudes manifestes de son langage, dans une note remarquable du *Poème sur le tremblement de terre de Lisbonne*. Il combat la doctrine de la chaîne des êtres et des événements, développée par Pope en vers magnifiques dans son poème sur l'homme.

« Tous les corps, dit Voltaire, ne sont pas nécessaires à l'ordre et à la conservation de l'univers; et tous les événements ne sont pas essentiels à la série des événements. Une goutte d'eau, un grain de sable de plus ou de moins ne peuvent rien changer à la constitution générale. La nature n'est asservie, ni à aucune quantité précise, ni à aucune forme précise. Nulle planète ne se meut dans une courbe absolument régulière; nul être connu n'est d'une figure précisément mathématique ; nulle quantité précise n'est requise pour nulle opération... Il y a des événements qui ont des effets et d'autres qui n'en ont pas... Dans toute machine, il y a des effets nécessaires au mouvement, et d'autres indifférents qui sont la suite des premiers, et qui ne produisent rien. Les roues d'un carrosse servent à le faire marcher ; mais qu'elles fassent voler un peu plus ou un peu moins de poussière, le voyage se fait également... On ne peut donc assurer que l'homme

soit nécessairement placé dans un des chaînons atta-
chés l'un à l'autre par une suite non interrompue.
Tout est enchaîné, ne veut dire autre chose, sinon :
tout est arrangé. Dieu est la cause et le maître de cet
arrangement. Le Jupiter d'Homère était l'esclave des
destins ; mais, dans une philosophie plus épurée, Dieu
est le maître des destins. »

Il est évident qu'il ne faut pas prendre au pied de
la lettre les assertions précédentes ; autrement, comme
l'a montré J.-J. Rousseau dans une réponse savante
et d'une dialectique serrée à la note précédente, le lien
de la cause et de l'effet serait rompu à chaque pas ; et
la prévision de l'avenir serait impossible. Bien loin de
dire que la nature n'est asservie à aucune quantité
précise, il faut dire que plus on pénètre dans les der-
nières profondeurs de la nature, plus on trouve qu'elle
est asservie à des quantités précises. Mais, si vous
écartez ces inexactitudes évidentes et ces à peu-près
qui sont le propre du sens commun, il reste une vérité
profonde : il y a du contingent dans la nature ; autrement, c'en serait fait de la liberté humaine.

L'auteur d'une thèse très-distinguée de la Faculté
des lettres sur la *Contingence dans les lois de la nature*; présentée avec éloges à l'Académie par notre
confrère, M. Caro, s'est précisément proposé de démontrer d'une manière philosophique et sévère ce que
Voltaire avait exprimé sous forme populaire et familière, et par conséquent sans précision, c'est-à-dire
qu'il y a du contingent dans la nature. Il s'est efforcé
de prouver que l'on chercherait vainement à conserver
la liberté humaine, tant qu'on accepterait comme démontré que l'univers physique dont notre corps fait
partie est régi absolument et sans exception par des

lois mathématiques. Il a donc soutenu cette doctrine, que les mathématiques n'expriment que la résultante abstraite de tous les phénomènes naturels; que le réel proprement dit, en tant que réel, est contingent et indéterminé; que les lois mathématiques ne sont que des approximations, des moyennes représentant en gros les phénomènes; mais que partout où il y a du concret, fût-ce dans le dernier atome de matière, il y a oscillation entre deux états possibles, une alternative qui ne peut être décidée que par la liberté suprême. L'auteur de cette thèse admettait donc, rigoureusement et philosophiquement, ce qui semble dans Voltaire un simple préjugé du bon sens, à savoir que « la nature n'est assujettie à aucune quantité précise, et que Dieu est le maître des destins. »

L'auteur de cette thèse remarquable, dont toutes les considérations précédentes font maintenant ressortir la portée, trop dissimulée, il faut le dire, aux yeux du lecteur, par la forme abstraite et obscure d'une exposition trop concise et d'une langue trop sibyllique ; cet auteur cependant avait serré la question de plus près qu'on n'avait fait encore : car il rendait évident que l'envahissement de la mécanique, que l'on ne peut empêcher aujourd'hui de pénétrer presque dans l'empire des êtres vivants, et jusque dans les phénomènes de la motilité volontaire, ne laissait d'autre issue aux défenseurs du libre arbitre que l'harmonie préétablie ou l'idéalisme de Kant, à moins qu'on ne consente à admettre hardiment que tout est contingent, que les lois de la nature ne sont que des à-peu-près, et que la matière phénoménale est un monde de fluctuation, qui n'est réglé que dans des directions générales et à un point de vue purement abstrait. Mais, cette conception elle-même n'aurait-elle pas de graves inconvénients? Comment dire que les lois de la nature ne sont qu'approximatives, lorsque nous voyons que plus on écarte les causes d'erreur, plus elles s'appliquent avec rigueur et précision, d'où il semble bien résulter que leur inexactitude vient de notre faute et non de celle de la nature? Dire que les lois ne sont que des à-peu-près, n'est-ce pas dire qu'il n'y a pas de lois, et n'échapperait-on pas au fatalisme pour tomber dans le positivisme? Ensuite, le contingent n'est-il pas bien près du fortuit, et pour échapper à la causalité stricte, n'est-on pas certain de tomber dans le hasard?

C'est ici que le travail de M. Boussinesq viendrait au secours de celui de M. Boutroux, et, tout en en justifiant la pensée fondamentale, la restreindre dans de justes limites, et l'exprimer dans des termes précis qui la rendraient beaucoup plus vraisemblable. S'il pouvait être vrai, ce dont les mathématiciens peuvent seuls juger, qu'il y a une sorte d'indétermination qui laisse intacte l'application la plus rigoureuse possible des lois mécaniques, peut-être trouverait-on là une conciliation plus satisfaisante entre les deux lois fondamentales de notre esprit : la loi de causalité efficiente, qui veut que tout s'explique par ce qui précède, et qu'il n'y ait pas plus dans l'effet que dans la cause, et la loi de finalité ou de progrès, qui veut que nous ajoutions sans cesse à ce qui précède quelque chose de nouveau qui n'y est pas implicitement contenu. Le monde physique soumis à la première loi, sans cesser d'être jamais le domaine de la quantité constante, pourrait, grâce à la flexibilité indiquée par le savant auteur de notre mémoire, devenir l'expression du monde idéal où règne une autre loi ; il y aurait une véritable harmonie préétablie entre les deux mondes, ou plutôt une pénétration de l'un dans l'autre, sans que jamais le savant eût le droit de protester, ses équations différentielles étant toujours satisfaites, et l'idée active qui constitue l'âme étant d'une nature trop élevée au-dessus de la force pour avoir besoin d'entrer dans le calcul(1).

(1) Voir ci-après, p. 29, l'analyse du mémoire de M. Boussinesq.

EXTRAITS DU MÉMOIRE

SUR

LA CONCILIATION DU VÉRITABLE DÉTERMINISME MÉCANIQUE

AVEC

L'EXISTENCE DE LA VIE ET DE LA LIBERTÉ MORALE

Après un avant-propos, dont le but est de montrer que la théorie ébauchée dans le mémoire se trouve d'accord avec l'opinion la plus générale des physiologistes et des chimistes contemporains sur la nature des phénomènes vitaux, qu'elle constitue même, à proprement parler, la seule forme précise sous laquelle on puisse systématiser cette opinion, l'auteur divise son travail en quatre §§, subdivisés eux-mêmes en vingt-sept numéros, et suivis de six notes complémentaires où sont élucidés divers points fondamentaux d'analyse ou de mécanique se rapportant au mémoire. Nous reproduisons ici les numéros ou fragments de numéros qui nous paraissent présenter le plus d'intérêt au point de vue philosophique (1).

§ Ier. — OBJET DE CETTE ÉTUDE.

1. — *Les lois physico-chimiques déterminent la dérivée, par rapport au temps, de l'état actuel, ou sont exprimées par des équations différentielles.* — Les savants s'accordent pour admettre que les lois physiques et chimiques sont réductibles, en dernière analyse, à des équations différentielles, reliant les unes aux autres les transformations successives de la matière, ou déterminant la dérivée, par rapport au temps, de chacune des quantités qui définissent l'état d'un système de corps, en fonction des valeurs actuelles de ces quantités. En d'autres termes, ce que les lois physico-chimiques

(1) Voir le mémoire dans le Recueil de la *Société des sciences de Lille.*

3

permettent de déduire immédiatement de l'état actuel, ce n'est pas précisément l'accroissement très-petit qu'éprouvera, pendant un instant aussi très-petit, chaque quantité concourant à définir l'état du système, c'est la limite vers laquelle tend le rapport de l'accroissement considéré au temps employé à l'acquérir, lorsqu'on fait décroître jusqu'à zéro les deux termes du rapport. Le quotient-limite ainsi défini, appelé *dérivée* (ou *fluxion*) de la quantité, mesure en quelque sorte la *pente* de celle-ci, sa *rapidité* actuelle de variation : il saisit comme à sa source et il évalue ce qu'un naturaliste appellerait le pouvoir d'évolution de la quantité. En disant que la dérivée de l'état actuel est une fonction déterminée de l'état actuel lui-même, la science donne une *forme* précise à cette vérité de bon sens, que le présent est gros de l'avenir, ou qu'il y a une relation étroite entre ce qui est et ce qui sera (1).........

Telle est la loi générale qui résume les conquêtes scientifiques de trois siècles d'études persévérantes, fruit d'une induction légitime embrassant tous les faits constatés, ou résultat qui apparaît comme le couronnement naturel de toutes les lois particulières acquises à la science.....

2. — *Ces lois s'étendent très-probablement aux mouvements intérieurs des organismes animés.* — D'ailleurs, la tendance des physiologistes, légitime en ce qu'elle résulte de leurs observations, et directement justifiée pour ce qui concerne les phénomènes de pesanteur, d'élasticité, de filtration, etc., est de n'exempter aucunement des lois physiques ou chimiques la matière qui vient faire partie d'un organisme animé, quoique les circonstances, très-spéciales, au milieu desquelles elle se trouve tant qu'elle lui appartient, la rendent capable de mouvements particuliers, incomparablement plus divers que ceux qu'elle avait présentés jusqu'alors. Or, plusieurs savants croient que cette extension des lois physiques aux mouvements

(1) On voit que la notion de dérivée a une haute importance en philosophie, en histoire naturelle et sociale, en chimie, en économie politique ou financière (*taux* d'accroissement d'un capital), etc. ; et combien il est à désirer qu'elle devienne familière à d'autres savants que les géomètres et les physiciens.

intérieurs des corps organisés, équivaut à admettre la complète détermination de la suite de leurs états par les lois dont il s'agit :
ils croient qu'elle démontre, par conséquent, l'impossibilité de faire
intervenir dans ces mouvements toute cause distincte de celles qui
agissent et se révèlent déjà dans la matière brute. La vie végétale,
et même animale, n'est pour eux, dans ses formes et ses mouve
ments si variés, que le plus riche épanouissement des effets des lois
physiques et chimiques, ou comme une cristallisation plus merveilleuse que celle des dissolutions salines.

Ils regardent, en particulier, la suite de tous les états intérieurs d'un
cerveau humain, organe de la pensée et de la volonté, comme fata-
lement déterminée par les lois mécaniques du mouvement de ses
molécules et des molécules étrangères qui entrent en rapport avec
lui..... Ils ne laissent subsister de la liberté humaine que ce qui
peut s'expliquer par l'hypothèse surnaturelle de l'*harmonie préétablie*, c'est-à-dire par l'intervention d'une intelligence supérieure, qui
aurait disposé de l'état initial de la matière et de ce que contiennent
peut-être de contingent les lois qui la régissent, pour réaliser, comme
il est théoriquement possible dans une certaine mesure, une suite
de mouvements en rapport avec les actes intérieurs des âmes.
Force leur est, en effet, d'enfermer dans le mystérieux domaine
du sens intime les phénomènes de sensibilité, d'intelligence, de volonté, dont ils admettent la correspondance parfaite à certains mouvements matériels sans leur accorder la moindre influence sur la
production de ceux-ci (1).

3. — *Mais, tout en s'exerçant pleinement, elles sont alors insuf-
fisantes pour déterminer la suite des faits, et nécessitent le concours
d'un principe directeur, caractéristique des phénomènes vitaux.* —
Je me propose d'établir qu'une pareille conclusion, négatrice de
toute vraie et active liberté, de toute influence de la vie sur la ma-

(1. Voir, par exemple, dans la *Revue scientifique* de MM. Yung
et Alglave (t. VII, p. 337, n° du 10 octobre 1874), le discours, d'ailleurs très-remarquable, prononcé par M. Dubois-Reymond, secrétaire perpétuel de l'Académie des sciences de Berlin, à la réunion
des naturalistes et des médecins allemands.

tière, est en désaccord avec la logique, et qu'elle n'a pu se produire que par l'omission d'un fait analytique important. Ce fait consiste en ce que des équations différentielles, même parfaitement déterminées, reliant les uns aux autres les états successifs d'un système, sont loin d'être assimilables à des équations finies qui donneraient directement ces états en fonction du temps et des circonstances initiales. En effet, l'intégration introduit fréquemment, dans les quantités dont des équations différentielles font connaître seulement la dérivée ou les accroissements infiniment petits, une indétermination pour ainsi dire illimitée, lorsqu'il existe ce que les géomètres appellent des *solutions singulières*. Les problèmes où l'on étudie l'évolution d'un système matériel se divisent donc, *a priori*, en deux classes, suivant que les intégrales résultant des lois physico-chimiques qui déterminent à chaque instant la dérivée de l'état actuel comportent ou ne comportent pas l'indétermination dont il s'agit. Or il est naturel, à première vue, de ne ranger dans la seconde classe que les phénomènes de la nature inorganique, les seuls qui, d'après les données du bon sens, aient été abandonnés sans réserve à la domination des lois physico-chimiques.

Ainsi, la présence ou l'absence de solutions singulières, et de la *flexibilité* qu'elles permettent dans l'enchaînement des faits, paraît fournir un caractère géométrique propre à distinguer les mouvements essentiellement vitaux, ceux surtout qui sont volontaires, des mouvements accomplis sous l'empire exclusif des lois physiques. Un être animé serait par conséquent celui dont les équations de mouvement admettraient des intégrales singulières, provoquant, à des intervalles très-rapprochés ou même d'une manière continue, par l'indétermination qu'elles feraient naître, l'intervention d'un *principe directeur spécial*. Ce principe directeur, bien différent du principe vital des anciennes écoles, n'aurait à son service aucune force mécanique qui lui permît de lutter contre celles qu'il trouverait dans le monde : il profiterait seulement de leur insuffisance, dans les cas singuliers considérés ici, pour influer sur la suite des phénomènes. Inconscient au début de l'existence individuelle, et même toujours en ce qui concerne la vie végétative, mais d'autant plus docile à une loi supérieure ou extra-physique qui nous est encore inconnue, il réaliserait à sa manière, dans chaque animal et dans chaque plante, un type spécifique héréditairement transmis, en employant à cet effet des matériaux communs empruntés au milieu minéral ou à d'autres organismes. Parvenu ensuite, chez l'homme et les animaux supérieurs, à un degré assez avancé de développement, et après avoir acquis des organes suffisamment délicats, c'est-à-dire un système nerveux, il deviendrait sensible à certains rapports de ces organes avec le reste de son corps et avec le monde extérieur, s'éveillerait sous leur choc mutuel, et apprendrait dès lors à diriger sciemment la force physique pour la faire servir à l'accomplissement de desseins prémédités.

Le jeu habituellement trop étroit des lois du mouvement l'empêcherait d'ailleurs de se manifester dans d'autres cas, c'est-à-dire chez les corps privés de vie : en sorte qu'il n'y aurait, dans sa manière d'apparaître, rien d'irrégulier, rien de fortuit. Tout en agissant avec le caractère de conscience ou d'inconscience, de liberté ou de nécessité, qu'il présente chez les divers êtres vivants, il entrerait en exercice, comme les forces physico-chimiques elles-mêmes, dès que l'occasion lui en serait offerte, ou que certaines conditions déterminées se trouveraient réalisées. Je n'ai pas besoin de faire observer que l'existence de ces conditions n'aurait nullement pour effet de dicter à la volonté son choix : leur réalisation la mettrait, au contraire, en pleine possession d'elle-même, en état de s'abstenir ou d'agir à sa guise.

§ II. — Considérations sur la représentation analytique des phénomènes, et sur leur division, indiquée par la théorie, prouvée par l'expérience, en deux classes très-distinctes.

1. — *Le calcul n'atteint, dans l'explication des phénomènes, que l'élément géométrique, et ses résultats doivent même être interprétés avec circonspection.* — Tous les phénomènes, physiques ou physiologiques, qui ont pour théâtre l'étendue et qui se développent dans le temps, comportent à certains égards une représentation géométrique. Ils ont sans doute un fond caché, en général inaccessible à nos moyens de connaître, qui se bornent à nous faire pressentir son existence, parfois cependant entrevu par le sens intime, lorsqu'il est question

de certains faits produits dans nos organes. Quand ce que nous percevons ainsi est une sensation, il nous est possible de l'apprécier sous le rapport de la grandeur, en la comparant à diverses sensations de même nature et discernant celles qui lui sont supérieures en intensité de celles qui sont moindres : mode d'évaluation fort imparfait, puisqu'il se borne à ranger des quantités d'une même espèce par ordre de grandeur croissante, sans mesurer leurs intervalles respectifs. Mais, outre leur fond obscur, les phénomènes physiques ou physiologiques présentent un côté clair, explicable par des groupements et des mouvements déterminés d'atomes. C'est de ce côté clair, susceptible d'être figuré, que le géomètre s'occupe ; et le physicien même lui attribue une importance capitale, car il n'en trouve pas d'autre qui puisse devenir l'objet d'une étude précise, quantitative. Aussi dit-on souvent que les sciences positives tendent à ne montrer dans l'univers que de la matière et du mouvement : maxime vraie en ce sens seulement, que le monde visible n'offre de clair, aux yeux du savant, que les formes et les changements qu'elles éprouvent d'un instant à l'autre, ce qui peut se mesurer et se dessiner, au moins en imagination.

Le mathématicien est d'ailleurs obligé d'imposer au côté géométrique des choses la forme de son esprit, c'est-à-dire d'assimiler les atomes à de simples points, mus dans un espace à trois dimensions, continu et infiniment divisible, pendant que s'écoule un temps également continu et divisible à l'infini. Sa nature intellectuelle lui fait substituer inévitablement, aux quantités ou aux figures réelles qui existent dans le monde et que l'observation ne lui montre pas avec une précision absolue, des quantités abstraites ou des figures idéales, dont les notions lui paraissent seules assez claires pour servir de base à ses raisonnements. L'accord des observations les plus précises avec les conséquences de cette multiple assimilation prouve que les idées ainsi mises en œuvre s'appliquent aux réalités avec une exactitude suffisante et que, sous ce rapport du moins, l'adaptation de notre esprit aux choses laisse peu à désirer.

Toutefois, le bon sens, faculté d'apprécier un peu vague et presque instinctive, mais n'en résumant que mieux l'impression produite à la longue par le réel sur l'esprit, nous porte à ne pas regarder cette adaptation comme absolument parfaite. Il incline l'ingénieur, le physicien, à refuser aux choses la divisibilité à l'infini de la grandeur abstraite, à n'attacher par suite aucune importance, aucune réalité objective même, aux quantités qui sont au-dessous d'un certain degré de petitesse, sans lui permettre cependant de fixer le point où finirait le concret, où commencerait l'abstrait pur.

Par exemple, l'ingénieur, le géographe n'hésitent pas à dire que, de chaque point d'une ligne de faîte du sol, il se détache deux lignes ordinaires de plus grande pente, une à droite et l'autre à gauche, alors que le géomètre voit ces deux lignes, prolongées indéfiniment du côté de l'amont, longer le faîte en s'en approchant de plus en plus, mais sans s'y réunir jamais, si ce n'est dans le cas exceptionnel où le sol aurait une de ses courbures infinie tout le long du faîte considéré. Le même ingénieur, cherchant la forme du gonflement ou *remous* produit sur un cours d'eau par la construction d'un barrage, n'est nullement surpris que l'analyse attribue à ce remous, du côté de l'amont, une longueur infinie, avec une hauteur qui tend vers zéro à mesure qu'on s'éloigne du barrage. Il sait que l'*asymptotisme* est, pour deux courbes, un excellent moyen de se souder l'une à l'autre, de se raccorder, quoique l'analyse pure rejette ce raccordement à l'infini. Le physicien interprète de même les résultats du calcul, quand il trouve qu'un pendule, une fois mis en mouvement dans un milieu résistant, n'arrive au repos qu'au bout d'un temps infini, ou qu'un corps opaque n'intercepte la lumière que s'il a une épaisseur infinie. D'une manière générale, l'un et l'autre admettent que *l'analyse fait annuler une fonction asymptotiquement, c'est-à-dire pour une valeur infinie de la variable, quand la quantité physique représentée par cette fonction s'évanouit, mais d'une manière trop graduelle pour qu'on puisse fixer, soit l'instant précis, soit l'endroit précis, où elle disparaît.*

5. — *Expression de l'état statique et de l'état dynamique d'un système de points. Les lois mécaniques déterminent la dérivée du second de ces états en fonction du premier.* — L'état d'un système matériel, sous le rapport de sa figure, de la situation de ses divers atomes M, M_1, M_2 . . . . . , se définit d'ordinaire au moyen des

coordonnées de ceux-ci, x, y, z ; x_1, y_1 z_1; x_2, y_2, z_2;...., par rapport à trois axes rectangulaires fixes : les valeurs de ces coordonnées caractérisent ce qu'on appelle *l'état statique* du système. La figure et la situation dont il s'agit se modifiant en général d'un instant à l'autre, les coordonnées x, y, z, x_1, y_1, z_1, ... sont des fonctions continues du temps t. On peut toujours regarder chacune de ces fonctions comme ayant une dérivée (1), et celle-ci mesure la rapidité de variation de la coordonnée correspondante ou le *mouvement* de l'atome suivant le sens de cette coordonnée. Les trois dérivées $x' = \frac{dx}{dt}$, $y' = \frac{dy}{dt}$, $z' = \frac{dz}{dt}$, par exemple, définissent à chaque instant le mouvement de l'atome M, son *état dynamique* : on les appelle les vitesses du point suivant les axes. Elles déterminent, comme on voit, les accroissements dx, dy, dz reçus, durant un instant infiniment petit dt, par les coordonnées x, y, z de l'atome. Ainsi, de l'état dynamique de chaque point, dépend le changement qu'éprouve son état statique durant un instant infiniment petit.

Une observation attentive des faits a permis de reconnaître qu'à l'inverse, les vitesses, suivant trois axes, de tout point d'un système éprouvent, durant un instant infiniment petit dt, des variations parfaitement déterminées dès qu'on donne, outre la direction des axes choisis, l'état statique actuel de ce point par rapport aux autres points avec lesquels il est en relation. En d'autres termes, l'état statique actuel du monde matériel règle les dérivées premières des vitesses de ses divers points, dérivées appelées *accélérations*, et qui sont les dérivées secondes des coordonnées. On peut donc poser, comme premier principe fondamental de la mécanique, que les dérivées secondes, par rapport au temps, des coordonnées de divers atomes mis en présence les uns des autres, égalent des fonctions, parfaitement déterminées par les lois physiques, de ces coordonnées elles-mêmes.

Cette grande loi est l'expression du *déterminisme mécanique*, te que l'observation des phénomènes dépendant des forces physico-

(1) Une des notes ajoutées par M. Boussinesq à la fin de son mémoire est précisément consacrée à prouver qu'on a toujours le droit d'attribuer des dérivées aux fonctions continues employées dans les applications.

chimiques le révèle au géomètre. Elle fournit à chaque instant, en fonction de l'état statique actuel, la dérivée seconde du même état par rapport au temps, et ne rattache que de cette manière, déjà bien étroite, l'avenir au présent et au passé. L'observation des phénomènes vitaux nous conduira, il est vrai, à superposer à ce déterminisme mécanique, dans certains des cas où il ne règle pas tout, un *déterminisme physiologique* d'une tout autre nature. Mais ce nouveau déterminisme devra lui-même être prouvé par l'expérience, qui ne manquera pas de lui tracer ses limites...

6. — *Division théorique des phénomènes en deux classes, suivant qu'ils dépendent ou ne dépendent pas des lois mécaniques seules.* — Un système d'équations différentielles, qui fait connaître, en fonction des valeurs actuelles de certaines quantités x, y, z, x', y', z', x_1, y_1, z_1,..... les variations dx, dy, dz, dx',.. éprouvées par celles-ci pendant un instant infiniment petit dt, détermine *d'ordinaire*, comme on sait, la suite des états par lesquels passent ces quantités ; en d'autres termes, il définit les variables x, y, z, x', y', z',... en fonction du temps t et de leurs *valeurs initiales*, x_0, y_0, z_0 x'_0, y'_0, z'_0,..., ou valeurs de x, y, z, x',... à une époque unique $t = t_0$ choisie d'ailleurs arbitrairement. Les formules qui représentent ainsi, sous forme finie, x, y, z, x',... en fonction de t et de x_0, y_0, z_0 ,..., sont appelées *intégrales générales* du système d'équations différentielles; ce qu'elles deviennent quand on y met pour les constantes arbitraires x_0, y_0,... leurs valeurs numériques, données dans chaque cas et variables avec continuité d'un cas aux cas voisins, s'appelle le système d'*intégrales particulières* convenant à ce cas.

Mais les géomètres savent qu'en outre de toutes les intégrales particulières ainsi obtenues, certaines équations différentielles admettent des solutions d'une nature spéciale, dites *solutions singulières*..... La suite des valeurs que x, y, z, x', y',... y reçoivent à mesure que t varie, *se sépare*, à un instant quelconque, de la suite pareille de valeurs de x, y, z, x'... représentée par le système d'intégrales particulières dans lequel ces variables seraient actuelment les mêmes. Les solutions singulières relient donc les uns aux autres, par des chemins qui satisfont aux équations différentielles proposées, les divers systèmes d'intégrales particulières. Tantôt elles croisent en quelque sorte celles-ci... Tantôt, et c'est même le cas le plus fréquent, elles les touchent en les *enveloppant* ou sans les couper... Les intégrales particulières y conduisent dans la partie de leur cours qui précède le point où elles s'y raccordent, et elles s'en détachent dans la partie suivante. Les solutions singulières, lorsqu'elles existent, sont donc tout à la fois des lieux de réunion et des lieux de bifurcation des intégrales particulières...

En outre des solutions singulières proprement dites, il y a, et bien plus fréquemment, certaines intégrales particulières, que j'appellerai *asymptotes*, dont les autres intégrales particulières se rapprochent indéfiniment..... Etant donnée une de ces intégrales, il existe toujours une intégrale particulière qui n'en diffère pas sensiblement pour toutes les époques, ou postérieures ou antérieures, à telle époque déterminée qu'on voudra, et qui en diffère cependant, d'une manière très-notable, aux époques précédant ou suivant celle-là. D'après la signification attribuée à l'asymptotisme dans les applications de l'analyse aux phénomènes (fin du n° 4), les intégrales asymptotes devront être regardées, suivant les cas, soit comme des lieux de convergence, de réunion, des intégrales particulières, soit comme des lieux de divergence ou de bifurcation, soit enfin comme l'un et l'autre à la fois. Elles se présenteront, sans doute, quand le raccordement ou la séparation de deux intégrales s'effectuera d'une manière trop graduelle pour que l'esprit puisse en fixer l'instant précis.

Les *solutions singulières proprement dites* et les *intégrales asymptotes* paraissent donc remplir à peu près, quoique avec des nuances différentes, un même rôle, qui consiste à établir, entre les divers systèmes d'intégrales particulières, un passage tout le long duquel les équations différentielles sont aussi bien vérifiées que dans chacun de ces systèmes. Je les qualifierai toutes du nom de *solutions singulières*.....

Cela posé, et antérieurement à une étude détaillée, impossible dans l'état actuel de la science, des équations générales de mouvement des systèmes matériels, il est clair que le déterminisme mécanique, qui régit directement les accélérations $\frac{dx'}{dt}$, $\frac{dy'}{dt}$,..., ainsi que les dérivées $\frac{dx}{dt} = x'$, $\frac{dy}{dt} = y'$,... des coordonnées, ne s'étendra à toute la suite effective des valeurs de x, y, z, x',... que dans les cas où les équations de mouvement n'admettraient pas de solutions singulières, lieux de bifurcation d'intégrales. Dans les cas où, au contraire, de telles solutions existeront, on pourra, en les employant sur une étendue plus ou moins grande, passer d'une manière souvent très-variée, dans le calcul d'une même suite de phénomènes, d'un système d'intégrales particulières à un autre système pris au hasard sur une infinité; et, cela, sans cesser de faire varier. ni les accélérations, ni les vitesses, avec continuité, sans cesser non plus de vérifier les équations différentielles du mouvement, ainsi que ces équations finies qui s'en déduisent toujours et qui constituent les principes généraux des quantités de mouvement, des moments, des forces vives, ou d'autres encore s'il en est d'inconnus.

La théorie, tout imparfaite qu'elle soit, indique donc, en quelque sorte *a priori*, que les phénomènes de mouvement doivent se diviser en deux grandes classes. La première comprendra ceux où les lois mécaniques exprimées par les équations différentielles détermineront à elles seules la suite des états par lesquels passera le système, et où, par conséquent, les forces physico-chimiques ne laisseront aucun rôle disponible à des causes d'une autre nature. Dans la seconde classe se rangeront, au contraire, les mouvements dont les équations admettront des intégrales singulières, et dans lesquels il faudra qu'une cause distincte des forces physico-chimiques intervienne, de temps en temps ou d'une manière continue, sans d'ailleurs apporter aucune part d'action mécanique, mais simplement pour *diriger* le système à chaque bifurcation d'intégrales qui se présentera.

Je donnerai à cette cause le nom de *principe-directeur*; et je la qualifierai d'*extra-physique*, pour signifier que, ne changeant absolument rien aux équations différentielles du mouvement, elle ne peut pas être comparée aux forces physico-chimiques que le savant a l'habitude de manier, qu'elle ne peut, en conséquence, être évaluée, ni *statiquement*, par sa mise en équilibre avec ces forces, ni *dynamiquement*, par une accélération qu'elle imprimerait à ses points d'application ou par un travail qu'elle effectuerait. En un mot, cette cause, par la nature même du rôle qui lui est dévolu, se dérobe à tous les moyens de mesure qu'emploient les mécaniciens, les physiciens et les chimistes.

7. — *Cette division, confirmée par l'expérience, correspond à la distinction des êtres inanimés et des êtres vivants.* — La seconde classe de phénomènes est-elle fictive, absolument vide de faits réels? Et les équations vraies du mouvement ne comportent-elles jamais de solutions singulières, lieux de bifurcations? C'est surtout l'expérience qui doit, dans l'état actuel de la théorie, encore fort imparfait, répondre à cette question. Puisqu'elle seule peut, en nous dévoilant peu à peu les lois de la nature,..... nous permettre d'arriver aux équations du mouvement dont la connaissance serait nécessaire pour une étude détaillée de leurs intégrales, rien n'empêche de la consulter directement sur l'existence des solutions singulières de ces équations. Ne renseigne-t-elle pas souvent l'ingénieur et le physicien, même sur des points qui seraient accessibles au calcul, mais qu'on n'obtiendrait par la voie théorique qu'au prix d'un long travail et de complications excessives?

Or le *sens pratique* nous montre en effet deux cas, très-généraux et très-importants, dans le premier desquels les lois physico-chimiques règlent toute la suite des phénomènes, tandis qu'un principe directeur intervient en plus dans le second. D'une part, il nous apprend que les faits du monde *inanimé* se déroulent suivant des voies qui ne se bifurquent jamais, et où le géomètre n'a pas à craindre de rester indécis sur la vraie solution lorsqu'il a mis complètement en équation les problèmes. D'autre part, il nous fait connaître, soit la volonté humaine, le *moi* qui juge et qui veut, soit même, jusqu'à un certain point, la volonté animale, capables de changer à diverses reprises et en dehors de toute prévision scientifique le cours des phénomènes visibles compris dans leurs sphères d'activité. Ainsi, la *vie* à son état le plus complet, alors qu'elle produit des actes délibérés, intervient dans le monde matériel pour y modifier la marche des événements; et il en est visiblement de même d'une vie moins élevée, mais encore consciente, dont on ne saurait réduire le côté extérieur à une série de phénomènes régis par les forces mécaniques seules.

Mais il y a plus. Le bon sens se révolte, il me semble, à la pensée que les végétaux dépendraient exclusivement des mêmes forces, ou que la botanique serait une branche de la chimie et non de la physiologie. Ainsi, on ne peut guère refuser aux plantes un principe directeur, *extra-physique*, bien qu'il ne semble pas possible de désigner, pour son intervention certaine, des moments aussi précis que ceux où la volonté agit dans l'homme.

L'influence du principe directeur se produisant d'ailleurs, tant dans la vie inconsciente ou végétative, que dans la vie consciente, qui est animale ou humaine, sans changer à aucun moment les équations du mouvement, sans apporter la moindre action mécanique perceptible, autant qu'on a pu en juger par l'expérience, il est naturel, inévitable même, que les équations du mouvement admettent dans tous les êtres animés des intégrales singulières, à la faveur desquelles d'autres causes que les forces physico-chimiques puissent et doivent se manifester.

C'est précisément ce que porte à penser l'observation directe, au point de vue chimique, des *êtres organisés* et spécialement des centres nerveux. Leur composition, éminemment altérable, se prête à des modifications aussi diverses que peu stables dès que varient les circonstances de température, de milieu, etc. Or l'existence de solutions singulières, établissant un passage d'un état à un autre état, est évidemment plus admissible dans de pareilles conditions que lorsqu'il s'agit de molécules à affinités énergiques, de molécules placées, en quelque sorte, sur une pente rapide, et qui tendent presque inévitablement vers un état d'équilibre stable entièrement déterminé...

8. — *Réflexions sur les divers modes d'action du principe directeur.* — Le principe directeur se comporte évidemment de différentes manières, suivant qu'il s'agit d'actes complètement inconscients, d'actes plus ou moins conscients, enfin d'actes délibérés, produits en pleine lumière. Dans le premier cas, son action est réglée, sans écarts possibles, par des lois supérieures, qu'on peut appeler *lois physiologiques*, et qui sont d'un ordre tout autre que celles qu'expriment les équations différentielles du mouvement. Dans le second cas, son action dépend sans doute de règles moins strictement définies.

Enfin, dans le troisième, le témoignage du *sens intime*, irrécusable au même titre que celui des *sens externes*, prouve que les actes sont libres, soustraits à toute prévision scientifique certaine, et qu'ils peuvent être, tantôt indifférents, tantôt conformes et tantôt contraires à la *loi morale*, telle qu'elle est comprise par le *moi* qui les effectue.

La difficulté de reconnaître les moments où le principe directeur entre en activité, dans la vie végétative, tient probablement au *déterminisme physiologique* qui le régit alors et qui, en l'état imparfait de notre science, ne peut plus être distingué du *déterminisme mécanique* dès qu'on entre dans les détails des faits. Peut-être aussi cette difficulté provient-elle de ce que les solutions singulières caractéristiques de la vie inconsciente seraient des intégrales asymptotes, représentatives, dans l'ordre physique, de raccordements dont on ne peut fixer l'endroit précis, tandis que les solutions caractéristiques de la vie consciente et libre seraient au contraire des intégrales singulières proprement dites.

S'il en est ainsi, l'obscurité profonde qui nous cache les phénomènes purement vitaux, intermédiaires pourtant entre ceux, relativement clairs, de l'ordre physique et de l'ordre intellectuel (1), pourrait bien n'être pas sans rapport avec l'impossibilité où nous sommes de transporter aux choses réelles, en effectuant nettement les petites corrections qui seraient nécessaires, la plupart des notions abstraites des mathématiques, celle, en particulier, de *l'asymptotisme* : elle décèlerait comme une infirmité native de notre esprit, ou une extrême difficulté d'adaptation qu'il éprouverait, à l'endroit de cette classe spéciale de réalités qui sépare le physique du moral ou de l'intellectuel, qui tient, en quelque sorte, le milieu entre le monde de la matière brute et celui de la pensée.

A un autre point de vue, l'intégrale-asymptote se rattache tout à la fois à l'intégrale particulière, dont elle est un cas extrême, et à la solution singulière proprement dite : elle semble établir, de l'une à l'autre, la même transition que la plante réalise du minéral à l'ani-

(1) Comme l'a remarqué l'éminent géomètre philosophe M. Cournot, à la page 329 du tome Ier de son beau traité *De l'enchainement des idées fondamentales dans les sciences et dans l'histoire.*

mal. Et comme l'asymptotisme peut être peu rapide ou très-rapide, de même que le sommeil de la vie inconsciente ou incomplètement consciente peut être plus ou moins profond, qu'il peut s'éloigner plus ou moins de l'état de veille, cette transition comporte de part et d'autre une infinité de degrés, rendant toute ligne de démarcation entre le minéral, la plante et l'animal, très-difficile, sinon impossible, à établir.

9. — *Conciliation du déterminisme mécanique, du déterminisme physiologique et de la liberté morale.* — En résumé, dans le mode d'explication des faits naturels que je viens d'ébaucher d'après des données positives de l'observation et du calcul, le vrai déterminisme mécanique n'est limité par rien : il ne se trouve jamais en conflit, ni avec le déterminisme physiologique, ni avec la liberté morale. Ces deux principes supérieurs ne l'empêchent, dans aucun cas, d'accomplir pleinement son rôle, qui est de régler à chaque instant les *accélérations* de tous les points matériels·existant dans l'univers. d'après les lois de la composition de leurs actions réciproques égales à certaines fonctions de leurs distances. Tout être vivant, plongé dans un monde minéral qui lui est antérieur, empruntant peu à peu à ce monde les molécules constitutives de ses organes et soumis à ses influences si variées, est tenu avant tout de se conformer aux lois qu'il y trouve établies. Le principe directeur qui lui est spécial vient seulement compléter celles-ci, dans des cas où, bien que s'exerçant pleinement, elles sont impuissantes à déduire l'avenir du présent, à tracer aux phénomènes une voie complètement fixée. Les cas particuliers dont il s'agit, représentés par les intégrales singulières des équations de mouvement, et les seuls où il y ait place pour le principe directeur, rendent d'ailleurs son intervention aussi nécessaire alors que celle des forces physico-chimiques elles-mêmes : ils font donc de lui un agent aussi naturel que ces forces, quoiqu'il ne leur ressemble nullement par son mode d'action.

Comme le principe directeur est régi lui-même, dans ses actes inconscients ou non délibérés, par les lois supérieures qui assurent la conservation des types physiques et moraux des diverses espèces animées, un déterminisme physiologique et psychologique vient se greffer, en quelque sorte, sur le déterminisme mécanique. Mais le sens intime nous prouve qu'il ne règle pas tout, et qu'il laisse un champ encore très-vaste à l'activité libre des êtres capables de réflexion.

Les équations de mouvement de l'organe de la pensée admettent donc des intégrales singulières, et ces intégrales sont, pour le géomètre, l'expression de l'influence du moral sur le physique, le terrain mystérieux où se correspondent et se touchent, en quelque sorte, deux ordres de coexistences perçus cependant comme très-distincts, l'ordre géométrique ou matériel d'une part, étendu dans l'espace, l'ordre psychologique et moral, d'autre part, comprenant cette riche trame de sentiments, de pensées et de volitions qui constituent le merveilleux spectacle de notre vie intérieure. C'est de ce terrain, le seul où il puisse prendre pied sans cesser d'être libre, que l'esprit, dépourvu de toute force matérielle, parvient à régner dans le monde des corps, à diriger et à dompter les unes par les autres les puissances aveugles qui se le disputent. C'est de là qu'il modifie l'ordre géométrique des choses, sans être tenu de puiser dans leur état actuel le principe de ses déterminations, en se guidant même sur la prévision d'un avenir qui n'existe encore que pour lui, et en réalisant des plans idéalement conçus en vue d'une fin désirée.

Le champ de la liberté, constitué par certaines des intégrales singulières des équations de mouvement, paraît, il est vrai, extrêmement restreint à côté de celui du déterminisme mécanique, qui comprend toutes les intégrales particulières de ces équations, bien restreint même à côté du champ du déterminisme physiologique et psychologique, qui règle tous les actes vitaux, sensitifs, etc., indépendants de la volonté. Mais il n'en est pas moins suffisant pour faire du *moi* un agent moral et responsable. Au reste, l'unité du sujet pensant, sa manière de délibérer et de choisir, ne permettent, en effet, de supposer dans chaque être organisé intelligent qu'une suite d'actes libres, séparés par des intervalles de repos ou ne constituant pas même une série *linéaire* continue ; tandis que les autres faits de l'organisme, les uns, totalement inconscients, les autres, vaguement perçus, comprennent au contraire un nombre incalculable de séries simultanées.

10. — *La liberté morale doit être comptée parmi les causes qui se trouvent masquées dans les grands nombres ; les lois de la statistique ne prouvent rien contre elle.* — Une des plus fortes objections qu'on ait élevées contre la doctrine de la liberté morale est celle qui se tire de la constance, ou du moins de la lenteur relative de variation, des nombres de crimes, d'actes individuels de toute nature, qu'une grande association humaine voit se produire chaque année. Ces nombres, expression d'effets très-complexes, ne changent notablement, d'une époque à l'autre, que dans la mesure où se modifient en même temps l'état physique moyen et l'état moral moyen de la société qui les enregistre dans son sein. Parmi les causes qui entrent en part dans leur formation, celles-là seules y paraissent ou ne sont pas masquées, qui agissent bien plus souvent dans un sens que dans le sens contraire. Or, la liberté morale n'est évidemment pas de ce nombre. Il est de son essence même de n'être portée par aucune raison déterminante à choisir tel parti plutôt que tel autre : seuls, les mobiles qui éclairent ou se disputent son choix, mais avec lesquels il faut se garder de la confondre elle-même, permettent de prévoir dans chaque cas, avec une probabilité plus ou moins grande, la détermination qui sera prise.

Il est donc naturel que son influence *propre* s'élimine en majeure partie, des *grands nombres* que recueille la statistique, à l'exception de l'influence de quelques volontés singulièrement puissantes. Toute en ayant dans le détail des actes un rôle considérable et même prépondérant, sur lequel se fondent le *mérite* ou le *démérite* individuels, elle n'a presque d'autre effet général que de modifier graduellement ces grands nombres, d'année en année, dans la proportion même où elle change l'état moyen de la société.

§ III. — Exemples de solutions singulières dans des questions de mécanique : elles ne s'y présentent que pour certains modes d'état initial, de manière à expliquer les faits vitaux sans que les problèmes cessent d'être ordinairement déterminés.

11. — *Considérations sur le problème réel des mouvements vitaux et sur sa complication.* — Je désirerais pouvoir montrer sur

quelques exemples comment les équations de mouvement d'un système de points admettent parfois des solutions singulières, et comment la détermination de la suite du mouvement exige alors, en
outre des lois physico-chimiques exprimées par ces équations, l'intervention d'un *principe directeur* spécial. Mais, d'après une raison
à *posteriori* exposée au n° 7, le cas dont il s'agit ne doit guère être
réalisé par la nature que chez les êtres animés qu'observe le physiologiste, c'est-à-dire dans les systèmes matériels appelés *organismes
vivants*. Or c'est précisément pour de tels systèmes que les équations différentielles paraissent présenter le plus haut degré de complication ; et il est peu probable qu'on puisse de longtemps songer
à trouver leur forme, encore moins à les intégrer. Je serai donc
réduit ici à me contenter d'exemples fictifs ; je les choisirai aussi
simples que possible et conformes aux principes généraux de la
mécanique, propres par suite, autant que nous pourrons en juger,
à donner une idée juste de la manière dont la vie, à ses divers
états, influe sur les choses du monde visible sans y porter le trouble.

Avant d'exposer ces exemples, et afin de diminuer nos regrets de
l'abandon dans lequel nous semblerons laisser le problème réel,
arrêtons-nous un instant à sonder les difficultés de ce problème, qui
aurait pour objet l'explication analytique des phénomènes matériels
de la vie. Il faudrait évidemment y tenir compte, à la fois, des actions intérieures de l'organisme et des réactions exercées conti-
nuellement sur ses diverses parties par le milieu ambiant. Ces réactions ne pourraient pas d'ailleurs être supposées, avec une approxi-
mation suffisante, exprimables en fonction explicite du temps, si ce
n'est peut-être dans quelques cas restreints ; car elles dépendent, à
toute époque, des situations relatives des atomes en présence et, par
conséquent, de toutes les causes, y compris le principe directeur,
qui ont réglé la suite des changements survenus dans le système
jusqu'à l'époque considérée. Mais ce n'est pas tout : outre des
échanges d'énergie, il se produit à chaque instant, à travers la surface d'un corps animé, des échanges de matière entre le dehors et
le dedans. Or ceux-ci, quoique ne renouvelant qu'au bout de temps
très-notables les matériaux des rouages les plus actifs, sont assez
abondants pour qu'un organisme ne puisse pas être assimilé à un

système matériel composé toujours des mêmes molécules : il faudrait le rapprocher, dans une certaine mesure, de ces systèmes à substance rapidement changeante, dont le type nous est fourni par le nuage *fixe* que le sommet froid d'une montagne condense au milieu d'un grand vent, ou, plus simplement, par une onde de forme stable, propagée au sein d'un liquide en repos, et qui impose certaines vitesses, avec un certain mode de groupement, à une matière sans cesse renouvelée.

Ce n'est sans doute qu'à ce rajeunissement continuel des organes, à la réaction exercée par les particules nouvellement introduites, pendant le temps qu'elles emploient à passer de l'état d'aliments à l'état de résidus épuisés, que la vie doit de pouvoir se soutenir à travers les phases successives qu'elle parcourt. Tel, l'oiseau, pour ne pas tomber, est obligé de transmettre à l'air le mouvement descendant dû à son propre poids, et même de le communiquer à des couches atmosphériques toujours nouvelles, faute de pouvoir imprimer à celles-ci, pendant le temps qu'il les touche, une vitesse supérieure à la limite que comporte le degré de vigueur de ses ailes. On dirait que les êtres animés ont besoin de s'appuyer sur des résistances analogues, nées de mouvements incessamment transmis à de nouvelles portions de matière, pour se maintenir dans l'instabilité physico-chimique hors de laquelle il n'y a que la mort, c'est-à-dire le règne des lois mécaniques seules. Ce seraient donc ces résistances, variables avec l'état d'exaltation des fonctions vitales et se proportionnant, entre certaines limites, aux besoins de chaque instant, qui constitueraient le pouvoir de conservation de la vie, son moyen de défense contre les causes de destruction, et qui assureraient, pendant un temps plus ou moins long, l'existence de l'individu ou surtout celle de l'espèce.

Il ne faut pas d'ailleurs s'exagérer l'analogie du mécanisme de la vie avec celui de la propagation d'un mouvement ondulatoire, où nous trouvons l'exemple le plus simple d'un état dynamique persistant sous une matière changeante. Dans le choc d'une bille élastique contre une série d'autres billes de même grandeur, dans une onde sonore condensée qui progresse, dans une intumescence liquide propagée le long d'un canal, etc., le mouvement est transmis, à peu près intégralement, d'une bille ou d'une tranche matérielle aux suivantes, grâce à une compression ou à une surélévation de niveau croissantes, qui font d'abord prédominer sur chaque tranche les impulsions exercées d'arrière en avant et communiquent à la tranche une certaine vitesse, suivies d'une détente ou d'un abaissement également croissants, pendant lesquels les impulsions d'avant en arrière, prédominant sur chaque tranche, ralentissent son mouvement et la ramènent enfin au repos. Toutes les parties d'une même tranche entrent à la fois dans le système mobile et en sortent à la fois. Au contraire, les différents matériaux que s'assimile un organisme emploient des temps très-inégaux à le traverser. De plus, les couches élastiques successivement atteintes et puis délaissées par une onde se trouvent finalement dans le même état physico-chimique qu'au début ; en sorte que l'onde n'est guère un agent de transformation qu'en ce sens, qu'elle a fait avancer, d'une petite quantité constante, un nombre de plus en plus grand de couches, savoir, celles qu'elle abandonne après s'en être servi pour transporter plus loin l'énergie qui la constitue. Or il faut avouer qu'une telle transformation est une bien pâle image des *fermentations*, aussi variées qu'incessantes, sans lesquelles la vie n'est pas possible et qui persistent même un certain temps après la mort.

Toutefois, et comme si l'analogie devait se continuer jusqu'au bout malgré ce qu'on y sent de défectueux, l'imperfection d'élasticité, les frottements, etc., usent peu à peu l'énergie d'une onde, jusqu'à ce qu'ils l'aient dissipée ou éteinte (1), après avoir fait passer

---

(1) Toutes les fois que deux particules matérielles passent très-près l'une de l'autre avec une certaine vitesse relative, les répulsions totales ou résultantes, développées entre les deux particules dans la période de rapprochement de leurs centres de gravité, sont plus énergiques que celles qui surviennent pendant la période d'écartement, à cause, sans doute, des retards que l'inertie entraîne dans le mouvement de recul des couches heurtées, lors de la première période, et dans leur mouvement de détente, lors de la seconde. Par suite, les vitesses d'ensemble des deux particules éprouvent en somme une diminution, par l'effet de leur rapprochement ; et une portion de l'énergie des mouvements de translation primitifs passe dans des

la forme de l'onde par diverses phases dont la dernière est de beaucoup la plus longue, de même qu'une cause inconnue d'épuisement amène la mort naturelle, quand l'organisme a dépensé tout son pouvoir d'évolution qu'il avait comme prodigué durant les premières périodes de l'existence (1).

. . . .

. . . .

Les numéros suivants (12 à 18) sont consacrés à l'étude des solutions singulières qui se présentent dans les problèmes du mouvement d'un point pesant le long d'une courbe polie, du mouvement d'un point, attiré ou repoussé par des centres fixes, le long d'une droite de part et d'autre de laquelle on suppose les centres fixes symétriquement répartis, enfin du mouvement de deux atomes soumis à leur action mutuelle. Dans les deux premières questions, il y a une bifurcation d'intégrales aux positions d'équilibre instable du mobile, quand celui-ci y est placé ou y arrive sans vitesse : le mobile peut aussi bien rester dans ces positions que les quitter en s'éloignant d'un côté ou de l'autre. Dans la troisième question il y a au moins une solution singulière, correspondant, pour chaque valeur assez modérée de la constante des aires, à une trajectoire circulaire que peut décrire un des atomes autour de l'autre, pourvu que la constante des forces vives soit en même temps convenablement choisie. Le rayon de cette trajectoire est, suivant la valeur de la constante des aires, plus ou moins inférieur au rayon d'activité maximum des

mouvements vibratoires de détail, souvent imperceptibles. Ainsi s'expliquent, au moins en grande partie, l'imperfection d'élasticité des solides, le frottement intérieur des fluides, et, généralement, la *dissipation* de l'énergie, c'est-à-dire la tendance de l'énergie à se morceler, à se pulvériser en quelque sorte, à se dissimuler en se répandant tout à la fois dans des espaces de plus en plus grands et dans des groupes moléculaires de plus en plus infimes.

(1) Voir, par exemple, dans mon *Essai sur la théorie des eaux courantes* (*Recueil des savants étrangers de l'Académie des sciences*, . XXIII, p. 387 et 402; tome XXIV, p. 35 et 51), la manière dont une *onde solitaire* et une *houle* évoluent ou *se règlent* en diverses circonstances, quant à leur forme et à leurs dimensions.

actions chimiques ou atomiques, supposé par tout le monde bien
plus petit que celui des actions physiques ou moléculaires. Le mobile peut d'ailleurs, à un moment quelconque, soit continuer à
décrire cette trajectoire singulière, soit en dévier, vers l'intérieur
ou vers le dehors, mais pour revenir au bout d'un certain temps s'y
replacer; et ainsi de suite indéfiniment. L'auteur observe donc qu'il
y a place pour le principe directeur, même dans le système matériel
le plus rudimentaire, celui que composent deux points. Il démontre
aussi (n° 14) que l'ordre du contact des solutions singulières proprement dites avec les intégrales ordinaires peut être aussi élevé
qu'on voudra, infini même, en sorte que rien n'empêcherait la nature de sauvegarder la [continuité jusqu'au plus haut degré possible
dans la transition des unes aux autres.]

19. — *Les principes généraux de la mécanique paraissent ne
permettre l'existence d'intégrales singulières que pour des modes
particuliers d'état initial.* — Les problèmes de mécanique passés en
revue ne comportent de solutions singulières que lorsque l'état initial satisfait à une certaine condition. Ainsi, dans les cas où la trajectoire du mobile est une ligne donnée, le corps doit arriver sans
vitesse à une de ses positions d'équilibre instable pour pouvoir s'y
arrêter et y séjourner durant un laps de temps arbitraire. De même,
dans le mouvement relatif de deux atomes, il faut que l'un de ces
atomes vienne se placer sans vitesse *radiale* relative sur une circonférence *singulière* décrite autour de l'autre comme centre, pour
que la loi du mouvement lui permette d'abandonner à ce moment la
trajectoire qu'il suivait et de se mouvoir sur cette circonférence
pendant un temps quelconque... En résumé, des circonstances ex-
ceptionnelles semblent nécessaires, autant qu'on peut en juger par
les exemples traités ci-dessus, pour que les équations de mouvement
d'un système matériel admettent des solutions singulières et ne règlent pas à elles seules toute la suite des états... Si les choses se
passent pour un système d'un grand nombre de points comme pour
un système de deux points, il y a certitude morale qu'aucune bifurcation de voies laissées ouvertes par le jeu des forces mécaniques ne
se présentera, sur un théâtre fini et durant un temps restreint; ne

viendra par suite permettre l'intervention d'un principe directeur, à moins qu'on n'admette une préparation préalable du système, à moins qu'un certain *choix* n'ait présidé à l'état initial...

20. — *Ces modes d'état initial ne sont autre chose que les conditions matérielles de la vie.* — Les circonstances d'état initial sans
lesquelles il n'y a pas de solutions singulières, lieux de réunion et de
bifurcation d'intégrales, sont les seules qui permettent à des causes,
autres que les forces physico-chimiques représentées dans les équations du mouvement, d'influer sur la suite des états du système : ce
sont donc des *conditions nécessaires de la vie.* On peut même les
qualifier de conditions suffisantes de la vie, pourvu que l'on convienne d'appeler *vitaux,* en précisant le sens de ce mot un peu vague, tous les phénomènes où se montre un *principe de détermination* dont le rôle soit de *diriger* la matière, sans lui imprimer aucune accélération, et qui se dérobe ainsi aux divers modes d'évaluation dynamométrique employés par les savants.

Sans doute, un tel principe doit être bien inconscient, bien incompréhensible même à nos esprits, quand il s'agit, par exemple, d'un
simple couple de deux atomes initialement placés dans leur situation
relative d'équilibre instable. Mais n'est-il pas certain que la vie à
son état le plus rudimentaire , établissant la transition du minéral
à un organisme nettement caractérisé, est précisément quelque chose
de fort obscur, alors que la vie de la plante la plus développée, celle
d'un embryon d'animal, sont encore comme nulles au point de vue
de la sensibilité et de la connaissance? En disant que la vie existe
dès que les conditions matérielles nécessitant un principe directeur
sont réalisées, je ne prétends donc nullement qu'il soit question la
d'une vie consciente, pas même peut-être encore d'une vie végétale.
J'entends seulement qu'une cause extra-physique, ou non exprimée
par les équations du mouvement, entre inévitablement en jeu dans
de pareilles circonstances ; et je laisse aux physiologistes le soin
d'éclaircir, dans la mesure du possible, les mystères dont la nature
vivante est remplie.

La définition que je donne de la vie présente l'avantage de rat-
tacher ce mode supérieur d'existence à des conditions géométriques

précises. De plus, elle dégage ou met en relief l'élément essentiel de l'opinion commune que s'en forment les hommes, et qui consiste dans l'idée d'un principe d'action non évaluable à la manière des forces mécaniques. Et elle ne me paraît pas en désaccord avec les notions qu'en proposent les naturalistes, les philosophes, les théologiens, qui, tous, admettent que la vie jaillit inévitablement, que *l'âme n'est jamais refusée*, quand se réalisent certaines conditions matérielles très-déterminées. Seulement, l'expérience prouve que la vie, telle qu'elle se manifeste dès lors, est purement végétative, qu'une période plus ou moins longue d'élaboration inconsciente précède toujours les manifestations intellectuelles, dans les cas, relativement rares, où elle ne remplit pas la totalité de l'existence et où l'être vivant appartient aux espèces les plus élevées.

Au reste, en admettant que les conditions physico-chimiques dont il est parlé sont suffisantes pour que la vie surgisse, on n'a probablement pas à craindre d'ouvrir la porte à la doctrine de la génération spontanée, dans une mesure contredite par l'observation. D'après ce qui a été remarqué au numéro précédent, les circonstances d'état initial compatibles avec l'existence de solutions singulières paraissent assez spéciales pour n'avoir qu'une probabilité pratiquement nulle de se produire fortuitement. Leur caractère d'exception explique pourquoi la matière que nous trouvons organisée à la surface de la terre est seulement une partie extrêmement minime de toute celle qui compose notre globe, une fraction fort petite même de la matière paraissant organisable répandue à l'état fluide autour du noyau de la planète.

Si, au contraire, la vie était conciliable avec des conditions d'état initial quelconques ou trop peu spécifiées, ces conditions n'exigeraient pas, pour se maintenir, des circonstances de milieu extérieur fort déterminées aussi, malgré l'indépendance relative que la perfection des organismes et l'existence d'un milieu intérieur fluide en circulation rend possibles, dans des limites plus ou moins étroites, entre le dedans et le dehors. On ne voit pas pourquoi la *vie* serait alors, dans le monde visible, cette *exception tellement spéciale*, que sa persistance, et la possibilité pour nous de l'observer, tiennent seulement à la merveilleuse propriété que présentent les êtres vivants de propager dans de nouveaux organismes, issus de leur substance, quelque chose de leur type propre, de la *singularité* qui les caractérise.

21. — *La difficulté que présente leur réalisation n'empêche pas d'ailleurs la vie d'être stable ou persistante.* — Les exemples très-simples d'intégrales singulières exposés ci-dessus font d'ailleurs concevoir la persistance effective de la vie, pendant des temps qui sont assez longs pour que la cause interne d'affaiblissement des individus et peut-être même des espèces (si celles-ci s'éteignent naturellement à la longue) paraisse à nos esprits négligeable, à un moment donné, en comparaison des autres actions en jeu. En effet, dans le problème du mouvement relatif de deux atomes, il est sans doute fort difficile de réaliser les conditions d'état initial pour lesquelles il y a des bifurcations d'intégrales ; mais, une fois ces conditions obtenues, les bifurcations se produisent indéfiniment, et le rôle du principe directeur n'est jamais terminé...

Il est vrai qu'un animal ou un végétal ne constituent pas, comme un couple de deux atomes supposés seuls dans l'Univers, des systèmes matériels absolument indépendants. Par le fait même qu'ils sont observables dans leur ensemble, à la portée de nos sens, ils ne peuvent manquer d'être des organismes *partiels*, c'est-à-dire astreints à des rapports avec un monde extérieur auquel leur existence se coordonne. La vie qui est en eux repose donc sur de tout autres bases que celle d'un organisme fictif, constitué pour se suffire à lui-même et qui, ne trouvant rien hors de lui, n'aurait pas à se défendre de perturbations venues du dehors : elle est faite pour s'accommoder à tout instant d'échanges de matière et d'énergie avec le monde extérieur qui lui fournit un point d'appui nécessaire. De là, dans les êtres organisés, des conditions de vie profondément différentes de celle que l'analyse nous a fait connaître pour le cas d'un simple système de deux atomes : l'instabilité physico-chimique doit pouvoir s'y soutenir, pendant le cours de l'existence, nonobstant tous les changements assez modérés qui surviennent dans le milieu ambiant, tandis que l'intervention d'un pareil milieu détruirait cette instabilité chez un couple de points matériels. Mais le fait que les circonstances d'état initial productrices de l'instabilité physico-chimique, dans un système de deux atomes, la maintiennent indéfiniment *pour les conditions extérieures d'isolement propres au système*, porte à inférer l'existence d'une propriété analogue dans un organisme destiné à vivre au sein d'un monde extérieur.

Effectivement, la contexture et les relations mutuelles des organes semblent être précisément ce qu'il faut pour que les variations survenues au dehors s'harmonisent, en pénétrant à l'intérieur, de manière à ne pas écarter le corps des voies compatibles avec la vie. Dès que s'altèrent les circonstances très-précises, inimitables artificiellement, qui résultent de ces relations mutuelles des organes, l'instabilité physico-chimique se détruit rapidement; au point qu'il a été jusqu'à présent aussi impossible de faire vivre, ou seulement de conserver intact, un fragment d'organisme séparé de l'ensemble auquel il appartenait que de le produire par génération spontanée. Il est donc probable que, si l'on parvenait à traiter analytiquement le problème dont les physiologistes poursuivent la solution par l'expérience, on reconnaitrait, dans les circonstances même qui président à la formation d'un être vivant ou à sa rénovation continue, la cause qui, tout à la fois, produit l'instabilité physico-chimique et la préserve des perturbations : on y verrait clairement la manière dont se concilie une instabilité si persistante, si bien soutenue, avec les variations intérieures provoquées par des changements extérieurs assez restreints. Mais j'ai montré, au n° 11 de ce mémoire, combien semble éloigné le jour où pareille question pourra être effectivement attaquée par le géomètre.

Nous avons aussi, dans le problème fictif du mouvement d'un point sur une courbe polie, rencontré des cas où les intégrales singulières ne se présentent pas indéfiniment, et où la *vie*, en quelque sorte, est précaire, parce qu'il n'y a pas persistance ou reproduction de l'instabilité, de l'état d'indifférence nécessaire à l'existence d'un être animé. Or rien ne dit que la nature ne réalise pas des cas pareils. Ce n'est guère possible à l'état physiologique ou normal : car, alors même que la production d'une telle vie, chez des individus qui n'en auraient pas d'autre, serait aussi probable que celle d'une vie persistante, la probabilité pour qu'elle existât à une époque donnée se trouverait en raison inverse de sa durée, c'est-à-dire incomparablement moindre que celle des êtres à vie persistante ou par conséquent infiniment faible, l'expérience donnant une probabilité finie de rencontrer à la surface de la terre des êtres à propagation illimitée. D'ailleurs, des espèces caduques seraient sans doute trop infimes pour fixer l'attention du naturaliste. Mais, sous forme pathologique, ou comme déviation survenant chez quelques individus d'une espèce à vie persistante, c'est différent. De fait, toutes les plaies de mauvaise nature ne sont-elles pas constituées par un tissu vivant, qui se forme d'une manière continue sans pouvoir se conserver (puisqu'il se détruit aussitôt), et qui absorbe en pure perte les sucs nourriciers de l'organisme ou même la substance de l'organe frappé de dégénérescence ?

22. — *L'explication des phénomènes vitaux n'exige pas plus de solutions singulières que l'analyse ne nous en a indiqué.* — En résumé les intégrales singulières paraissent se présenter, dans les équations effectives du mouvement, avec le degré précis d'étendue, d'applicabilité physique, en quelque sorte, qui convient pour expliquer les phénomènes vitaux tels que l'observation nous les révèle. Il ne fallait pas plus de ces intégrales que l'analyse, autant que nous avons pu la consulter, n'en indique : sans quoi le *joint* par lequel la *vie*, la *liberté* se glissent dans le monde, aurait été trop large et aurait fait la part de l'*inanimé* plus petite que ne le montre l'expérience.

L'influence des principes directeurs auxquels l'humanité a toujours cru, et dont l'observation confirme l'existence, devait pouvoir s'exercer sans compromettre la détermination des problèmes de mécanique dans tous les cas ordinaires, qui sont ceux où elle n'a pas à intervenir. Aussi l'analyse, dès ses premiers pas dans la voie nouvelle, restreint-elle cette influence à un état de la matière tout spécial, séparé des autres états par un abîme, puisqu'on ne peut l'en faire dériver normalement. Le calcul nous conduit donc, dès à présent, à étendre le principe qui domine toute la physiologie, *omne vivens ex vivo*, aux manifestations de la vie les plus rudimentaires qu'on puisse imaginer, à celles que leur extrême simplicité soustrait et soustraira probablement toujours à l'observation directe.

§ IV. — Sur l'existence, pressentie peut-être par Poisson, d'une dynamique supérieure, ou dynamique du principe directeur. Conclusion de ce mémoire.

23. — *Il était naturel que les solutions singulières remplissent en mécanique le rôle qui leur est assigné dans cette étude.* — On sait combien les géomètres du siècle dernier jugèrent surprenantes les intégrales singulières qui s'offrirent à leurs recherches et que l'analyse leur donnait en réponse à certaines questions de géométrie. Je ne crois pas me tromper en affirmant, d'après ma propre expérience, que le même étonnement se produit, de nos jours encore, chez les esprits réfléchis qui étudient pour la première fois le chapitre de l'analyse infinitésimale où il en est traité ! Cet étonnement a pour cause la propriété, en même temps mystérieuse et incontestable, que possèdent les solutions singulières de soustraire à un déterminisme absolu certains accroissements finis de fonctions, alors que les accroissements infiniment petits ou la dérivée de ces fonctions ne cessent pas un instant d'être déterminés de proche en proche sans ambiguïté.

On trouverait naturel qu'une propriété aussi extraordinaire eût signalé à l'attention les solutions dont il s'agit, dès l'époque de leur découverte, comme propres à représenter ce qu'il y a de spontané, d'extra-physique ou de spécial, dans les phénomènes de la vie. Ne semble-t-il pas qu'elle aurait dû, presque immédiatement, leur faire attribuer surtout pour rôle d'exprimer les conditions géométriques ou mécaniques de l'existence, si merveilleuse et vraiment *singulière,* d'êtres doués de conscience, d'activité libre, au sein de l'immense monde inorganique, au milieu d'un réseau de lois paraissant régler toutes les variations infiniment petites des choses?

Personne cependant, à ma connaissance, n'avait émis jusqu'à présent cette idée, si simple et en quelque sorte inévitable. Quoiqu'on n'ignorât pas que la nature ne laisse guère, sans les réaliser quelque part, des faits analytiques aussi étendus que celui des solutions singulières, ou ne tenant nullement à une forme particulière de fonctions, aucun géomètre ne paraît avoir cherché quel pourrait être, dans le monde visible, le domaine propre de ces intégrales, leur *champ d'application*. Et pourtant, on avait fort bien aperçu, dès le dix-septième siècle, le magnifique usage qu'on devait faire des solutions d'équations différentielles dans la représentation des phénomènes qui se transforment avec continuité; puisque l'analyse infinitésimale existait à peine, que déjà l'on assignait toute la nature inorganique comme domaine aux intégrales générales.

Les solutions singulières ne seraient probablement pas restées sans application aux mouvements réels, on aurait tout au moins pressenti leur emploi, si les zoologistes s'étaient trouvés plus souvent mathématiciens, ou si les mécaniciens géomètres avaient pensé plus souvent à ce que pourraient bien être, sous le rapport de leur science, ces curieux systèmes matériels qu'on appelle des organismes vivants.

. . . .

25. — *L'explication des phénomènes vitaux par les solutions singulières est indépendante des divergences d'opinion au sujet des forces.* — ... Les vraies forces physico-chimiques, quelles qu'elles soient, pourraient produire des effets autres que ceux qui sont exprimés par les équations différentielles du mouvement, c'est-à-dire avoir de plus en elles-mêmes de quoi diriger les systèmes aux bifurcations d'intégrales, sans qu'il fallût, pour cela, renoncer à l'explication des phénomènes vitaux au moyen de ces bifurcations, rendues possibles par les solutions singulières. En effet, même dans cette manière de voir, vers laquelle inclineront peut-être les savants qui se représentent les puissances de la nature comme pouvant s'évaluer en kilogrammes, aucune force finie, déterminable dynamométriquement, ne serait nécessaire aux points de bifurcation pour *conduire* la matière suivant des voies différentes de celles qu'elle prendrait d'elle-même. *Les actions vitales n'auraient besoin d'atteindre aucune intensité analytiquement appréciable, pour neutraliser les forces physico-chimiques dans le rôle de principe directeur.*

La seule différence qu'il y aurait entre ce mode d'explication et celui que j'ai adopté, où l'on regarde les équations différentielles comme exprimant *tout* ce que peuvent les forces physico-chimiques, consisterait donc en ce que, dans celui-ci, le *principe directeur* aux bifurcations est considéré, à cause du caractère spécial de ses effets, comme une cause *essentiellement distincte*, et qualifié de *principe de vie;* tandis que, dans l'autre opinion, la direction du mouvement aux bifurcations serait confiée, suivant les cas, ou à un principe vital, ou simplement aux puissances ordinaires de la nature inorganique, qui joindraient *exceptionnellement* cette fonction à leur fonction habituelle de *régulatrices des accélérations.* Les circonstances d'état initial pour lesquelles les équations du mouvement admettent des intégrales singulières seraient toujours des conditions nécessaires de la vie; mais elles ne seraient plus suffisantes pour que la vie jaillît infailliblement par le fait de leur réalisation (1).

. . . .

1 Les forces se présentent en mécanique, quant à leur sens clair, comme des produits de masses par des accélérations; elles n'y sont pas autre chose que des conceptions géométriques, et l'on n'a nullement le droit de les assimiler aux puissances inconnues du monde matériel, pour ce seul fait, qu'égalant des fonctions déterminées des distances moléculaires, elles ne peuvent manquer d'être corrélatives, dans nos organes, à ces allongements ou raccourcissements de fibres qui nous procurent les sensations de *traction,* de *compression,* d'*effort,* etc. (ou qui du moins correspondent à ces sensations)... Chacun de nos muscles est un dynamomètre élastique, ayant pour graduation l'échelle même des sensations que font naître en nous ses divers degrés de raccourcissement.

Nous avons reconnu de bonne heure que nous produisions des mouvements, dans les corps qui nous entourent, en employant, à les tirer ou à les pousser, certains de nos membres, auxquels nous imprimions ces déplacements qui se traduisent pour nous en sensations d'*effort.* L'équilibre obtenu par l'application, à un même corps, de nos deux mains, suivant deux directions opposées, ou bien par le concours de notre propre effort et de celui d'une autre personne, déjà connue de nous, que nous jugions agir en sens inverse, nous a donné d'ailleurs l'idée de *réaction,* de résistance, que nous avons

27. — *Existence d'une dynamique supérieure, ou dynamique de principe directeur.* — *Conclusion de ce mémoire.* — Quelque opinion que l'on adopte au sujet du principe chargé de diriger les systèmes aux bifurcations d'intégrales, et surtout si l'on explique par elles les phénomènes vitaux, on est obligé d'admettre l'existence de certaines

regardée désormais comme inséparable de celle d'effort. Cette corrélation de la résistance à l'effort se sera établie en nous d'autant plus facilement, que nous aurons sans doute joué, alternativement, l'un et l'autre rôle aux diverses phases de certains phénomènes, et que même, dans les premières sensations qui nous auront *éveillés,* nous nous serons sentis passifs ou à peu près uniquement résistants.

La tendance, qui nous est si naturelle, de faire le monde physique à notre image, de lui prêter nos manières de sentir et d'agir, nous aura portés bientôt à attribuer à tout corps que nous tenons immobile, et qui tend notre bras vers une certaine direction, un véritable effort qu'il exercerait dans ce sens et que nous appelons, par exemple, son *poids,* dans le cas ordinaire ou c'est vers en bas que nous nous sentons tirés. Elle nous a portés à voir de même dans toute masse qui tend également notre bras, quand nous la traînons derrière nous sur un sol horizontal poli, une autre force, résistante, dépendant des variations de son mouvement, et que nous désignons par le terme d'*inertie,* etc. Ces forces fictives sont mesurées vaguement par la sensation correspondant au degré effectif de déformation de nos organes quand nous nous jugeons en lutte avec elles. Une évaluation plus précise nous est fournie ensuite par la substitution, à chacune d'elles, d'un certain nombre d'autres causes de déformation produisant toutes des effets égaux et susceptibles de se superposer, toutes les fois que nous pouvons les grouper de manière à en obtenir le même effet total que de la proposée. Or un degré déterminé de contraction d'un muscle produit sur l'extrémité mobile de ce muscle une certaine accélération ; et la neutralisation de celle-ci exige chez le corps étranger en rapport avec l'organe, à cause de la loi de conservation des quantités de mouvement, une diminution déterminée de mouvement que mesure, pour l'unité de temps, le produit de la masse de ce corps par l'accélération qu'il perd. Voilà pourquoi ce que nous nous représentons vaguement hors de nous comme des *forces,* comme des causes de mouvement, n'est pas autre lois auxquelles son action est subordonnée. Ces lois ont sans doute, avec un fond commun prouvé par l'analogie des organes et de leurs fonctions chez les différents êtres vivants, un élément variable suivant les circonstances extrêmement diverses qui nécessitent leur applica-

chose, dans la réalité physique, que certains produits de masses par des accélérations.

Les mots *force*, *résistance* et même *inertie* n'ont vraiment leur sens élevé de cause, de réaction active et de réaction passive ou purement absorbante de force, que là où ils perdent leur sens géométrique et où les objets qu'ils désignent cessent d'être capables de mesure précise, c'est-à-dire dans la psychologie et la dynamique sociale, où l'on considère l'action d'êtres intelligents sur eux-mêmes et sur leurs pareils.

S'il fallait accorder une réalité spéciale, ou comme une existence distincte, à quelque élément mécanique, on devrait de beaucoup préférer aux forces, pour en faire une sorte d'*âme* de la matière non organisée, l'*énergie*, actuelle ou potentielle, cette chose impérissable dont la transformation et l'échange entre les corps mesurent la valeur dynamique des phénomènes. Les forces exercées du dehors sur un système sont les dérivées, par rapport aux déplacements de mêmes sens des points du système, de l'énergie extérieure qui y pénètre. Il leur reste donc le rôle fort important qui consiste à régler les échanges d'énergie d'après les déplacements effectués; mais ce rôle ne doit pas plus leur faire accorder une existence substantielle qu'on n'en accorde à la pente d'après laquelle se règle la vitesse d'un cours d'eau.

Les vraies puissances du monde physique ont-elles assez d'analogie avec celles que nous sentons s'agiter en nous, ou dont la conscience nous fournit quelque notion, pour que nous puissions espérer les connaître jamais autrement que dans leurs effets perceptibles, c'est-à-dire autrement que dans les changements de forme, dans les mouvements susceptibles de mesure, de représentation géométrique, seuls objets que notre nature intellectuelle nous permette de voir claire-ment parmi ceux qu'elle nous présente comme extérieurs au *moi* ? Il faudrait pouvoir répondre à cette question, avant d'imposer, avec quelques chances de rencontrer juste, le *type* de notre propre force aux agents inconnus de l'ordre matériel.

tion. Elles constituent donc une science, qui étend son domaine depuis les confins mutuels du monde inorganique et du monde animé jusqu'à l'homme inclusivement, depuis les phénomènes de la vie inconsciente la plus infime, où ses règles sont suivies aussi pleinement que les lois physico-chimiques peuvent l'être chez le minéral, jusqu'à ceux de la volonté libre, guidée par des conseils qui engagent ou astreinte à des prescriptions qui obligent moralement tout en pouvant être désobéies. Cette science, encore à naître, et dont la création permettrait de ranger la physiologie parmi les connaissances rationnelles, me paraît devoir être appelée la *Dynamique du principe directeur ou des principes directeurs* : elle serait comme un intermédiaire entre la mécanique des forces et la dynamique sociale, pourvu toutefois que celle-ci n'en constituât pas le dernier chapitre.

Un certain nombre de ses lois, concernant la production des formes organiques, seraient peut-être susceptibles d'être exprimées mathématiquement, par des formules qui donneraient, en fonction de la configuration actuelle du système et de ses conditions physico-chimiques, la voie suivie à chaque bifurcation d'intégrales des équations du mouvement. Mais il semble, en considérant tout ce que l'hérédité dépose dans un simple germe, qu'il faudrait faire dépendre en outre le choix du principe directeur d'évolutions antérieures, de certaines circonstances effacées de l'état géométrique actuel, bien que subsistant d'une autre manière dans le système. Ce mode d'influence, sur le présent, d'un passé parfois lointain et paraissant n'avoir laissé aucune trace matérielle, serait peut-être le vrai caractère de la vie inconsciente : il établirait la transition entre la manière dont se comportent les forces physico-chimiques, constamment esclaves de l'état actuel, et le mode d'action, propre à la vie pleinement consciente, que définit le *principe de finalité,* et qui, subordonnant au contraire le passé à l'avenir, dispose le premier en vue du second. Observons aussi qu'une telle influence accordée au passé, de préférence à l'avenir, sur l'évolution organique actuelle, met obstacle, dans tous les êtres animés, à cette réversibilité des mouvements que permettent les causes purement mécaniques, et dont M. Philippe

Breton a relevé, comme nous avons vu au numéro 15, des particularités inadmissibles au bon sens (1).

Il est possible que la loi, acceptée par Poisson, de préférence du repos au mouvement dans le cas particulier des points d'arrêt, soit une des plus élémentaires de cette dynamique supérieure, et qu'elle convienne réellement sous certaines conditions. Mais, plutôt que de la déduire des notions obscures de force et d'inertie, il vaudrait peut-être mieux, si l'expérience la rendait un jour probable, la justifier en disant que le repos est plus simple que le mouvement, et aussi que l'hypothèse du repos est unique, tandis que les mouvements possibles à partir d'un point d'arrêt sont d'ordinaire au nombre de deux, répondant à deux directions opposées. Les mêmes considérations de simplicité et d'unité conduiraient sans doute à préférer généralement, dans des circonstances analogues, les intégrales singulières aux autres intégrales. Elles s'appliqueraient en particulier, lorsqu'il s'agit du mouvement d'un point autour d'un autre, à ces trajectoires circulaires qui se sont présentées à nous comme de simples extensions des points d'arrêt ; en sorte qu'elles ressusciteraient, à titre de solutions singulières, les deux vieilles maximes de la philosophie grecque, touchant lape rfection du repos comparé au mouvement, et touchant la perfection du mouvement circulaire comparé à tout autre.

La nature a-t elle ainsi donné, aux principes directeurs des mouvements matériels, des lois d'accord avec celles que notre esprit juge les meilleures ? La science, de nos jours, préoccupée surtout de la complication de tous ses sujets d'étude, n'incline guère vers une réponse positive à une pareille question. Cependant les plus grands génies de tous les temps ont cru à une appropriation, fort près d'être parfaite, de notre esprit aux choses. Et il faut bien qu'une telle appropriation existe dans une certaine mesure, partout où vivent des êtres pensants pour que le monde au milieu duquel ils se trouvent leur soit intelligible en ce qui se rattache à leurs besoins et à leur sécurité. D'ailleurs, la science ne posséderait pas

(1) *La réversion ou le monde à l'envers*, Paris 1876 ; à la librairie du journal *les Mondes*, de M. l'abbé Moigno.

tant de belles lois, exactes ou fort approchées, et n'en accroîtrait pas de temps à autre le nombre, sans un accord, entre nos idées et les objets, déjà très-grand et susceptible de progresser par l'effort de l'esprit dans son commerce continuel avec la réalité.

Mais, s'il en est ainsi, la nature n'a pas eu à tenir compte seulement, dans les lois qui constituent la dynamique supérieure, des principes de simplicité et d'unité. Il en est d'autres, connus ou inconnus, qui font également partie de nos moyens d'apprécier la perfection et la beauté des choses. Il y a, par exemple, le principe de continuité, qui se trouverait satisfait le mieux possible en évitant tout changement dans la formule intégrale d'un mouvement, même aux instants où l'intégrale particulière utilisée jusque-là se joindrait à une solution singulière, et où le mouvement deviendrait plus simple en se réglant désormais sur celle-ci. Il y a surtout la loi fondamentale qui veut la variété, une variété inépuisable, dans l'unité, et qui se manifeste, avec plus d'évidence peut-être que les autres lois, en tous les points de l'espace, à tous les instants de la durée, aussi bien que dans toutes les directions de la pensée et dans toutes les régions de l'âme humaine. Nulle part elle ne frappe plus l'esprit que dans les phénomènes de la première période de l'existence de chaque être vivant, alors qu'une différenciation rapide multiplie les cellules et les organes au sein d'une masse qui paraissait d'abord complètement homogène et confuse.

Il y a peut-être encore la loi d'économie, de la moindre action. Elle se ramène à d'autres, il est vrai, quand il s'agit d'un système matériel sur lequel des influences modificatrices, entrant en jeu et graduellement croissantes, produisent précisément les transformations qui exigent à chaque instant les moindres dépenses d'énergie, parmi toutes celles dont notre science imparfaite nous fait entrevoir la possibilité. En effet, les vibrations incessantes qui ne manquent jamais d'agiter la matière, offrent rapidement, à un grand nombre d'arrangements plus ou moins stables, l'occasion de se produire, et par suite ne peuvent guère laisser passer, sans en amener la réalisation, celui qui devient le premier possible à mesure que grandit l'énergie communiquée au système. Cependant la *loi d'économie* pourrait bien être irréductible, à d'autres égards ou dans d'autres cas, et elle mérite, dans l'état actuel de nos connaissances, d'être placée à côté de celles de simplicité, de continuité, de diversité.

Dans quelles proportions et de quelle manière ces divers principes, ou d'autres, se combinent-ils pour constituer la dynamique supérieure? Un jour peut-être la raison, avec l'aide et le contrôle d'une observation assidue, sera-t-elle en mesure d'attaquer les parties de ce problème qui ne sortiront pas des bornes imposées par notre nature intellectuelle aux recherches positives. En attendant, ce n'est pas sans avantage que le géomètre, parvenu au terme d'un travail dont le sujet, scientifique, confine à la philosophie, se pose certaines questions qu'il est réduit à laisser absolument sans réponse. Elles le retirent un instant de ces régions moyennes, ni trop grandes, ni trop petites, qui sont à sa portée, où règne une lumière assez claire pour qu'il puisse y faire peu à peu des découvertes ne s'étendant guère qu'en surface; et elles lui rappellent l'existence, par-delà les limites de sa vision distincte, d'un infini qui porte tout, vers lequel l'attirent d'autres puissances et le guident d'autres lumières que celles dont le concours lui avait suffi dans ses études propres.

Les problèmes insolubles (au moins pour le moment) auxquels aboutit ce mémoire, ne doivent pas d'ailleurs nous faire oublier le résultat principal qui s'y trouve établi, et qui me paraît désormais démontré en toute certitude. Il consiste en ce que les lois physiques, au sens *précis*, qu'on leur attribue d'ordinaire, d'équations différentielles du mouvement des systèmes matériels, ne sont nullement synonymes d'un déterminisme absolu, dans lequel sombreraient la liberté morale des êtres humains et leur responsabilité.

Notre conclusion sera donc que le physiologiste peut, sans s'écarter du plus sévère spiritualisme, étendre les lois mécaniques, physiques et chimiques à toute la matière, y compris les molécules d'un cerveau vivant. Il suffit qu'il regarde le système de ces molécules comme constitué, grâce à des conditions très-spéciales d'état initial transmissibles par hérédité, dans un certain état d'équilibre mobile, d'indifférence relative, permettant au *principe directeur* qui anime le système de choisir entre divers mouvements possibles. C'est ainsi qu'un ingénieur, chargé de construire un canal le long d'une ligne de faîte du sol, peut, de *tous* les points de ce *parcours singulier*, distribuer à volonté l'eau du canal dans l'une ou dans l'autre des deux vallées adjacentes. sans avoir à la faire dévier de ses lignes de pente naturelles.

Je soumets mon essai de conciliation du déterminisme mécanique avec l'existence de la *vie* et de la *liberté*, aux philosophes, aux naturalistes, à tous ceux qui ont plus d'autorité que moi dans ces matières délicates. Mes efforts ont tendu à en écarter les discussions métaphysiques, tout ce qui ne serait pas un résultat de l'observation ou du calcul et se trouverait en dehors de la double voie, autant mathématique qu'expérimentale, des sciences positives.

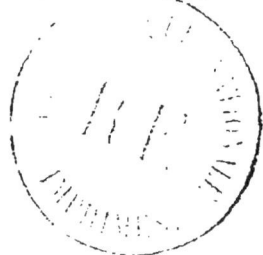

Orléans. — Imp. Ernest Colas

www.ingramcontent.com/pod-product-compliance
Lightning Source LLC
Chambersburg PA
CBHW060809180626
46818CB00002B/774